KB161386

적도에 펭귄이 산다

적도에 펭귄이 산다

세레나 쟈코민·루카 페리 지음 | 음경훈 옮김

푸른숲주니어

등장인물

(세상에 등장한 순서에 따라)

태양
지구를 보살피는 집사. (지구가 잘못되면 모두 태양 책임!)

냉동 인간 외치
자기도 모르는 새 과학 연구에 몸을 바치게 된 인물.

수루스
한니발과 함께 알프스산맥을 넘는 데 성공한 유일한 코끼리.

붉은 머리 에리크
그린란드를 사랑한 최초의 광고업자이자 난폭한 바이킹.

세레나
이야기를 진행하는 환경학자이자 날씨 칼럼리스트.

루카
세레나와 함께 이야기를 이끄는 천체 물리학자.

독자 여러분
미래를 바꿀 수 있는 행동을 오늘 시작할 수 있는 특별한 존재!

차례

지구 온난화의 진실을 찾아 떠나는 환경 여행

"이런 미친 날씨가 계속된다면, 얼마 뒤에는 적도에 살고 있는 펭귄을 보게 될 거야!"

"이제 겨울은 더 춥고 여름은 더 더워졌다니까!"

"더 이상 사계절이 존재하지 않아!"

한때 '날씨'는 누군가와 이야기를 시작할 때 꺼내기 좋은 단골 소재였다. 하지만 이제는 날씨의 자리를 '기후'가 꿰찬 것처럼 보이기도 한다. 요즘 우리는 날씨에 관해 정말 많은 정보를—심지어 실시간으로—얻을 수 있다. 그리고 예전에 비해 훨씬 더 많이 불평한다!

우리가 살고 있는 지구의 기후를 꼼꼼히 파헤치기 전에, 날씨와 기후에

날씨는 냉랭한 분위기를 녹이거나

대화를 원활하게 하기 위해서 꺼내는 단골 소재랄까?

대해 한번 짚고 넘어가자. 날씨와 기후는 전혀 다른 것이니까!

먼저 **기상학**부터! 기상학은 말 그대로 기상을 연구하는 과학 분야를 가리킨다. 기상학 연구자들은 기압, 기온, 습도, 바람 등 다양한 데이터를 수집하여 가까운 미래에 일어날 수 있는 대기 변화를 계산한다. 다시 말하면, 며칠 내에 대기가 어떻게 변할지 예측하는 것이다. 연구자들은 이렇게 수집한 데이터로 100퍼센트 정확하지는 않더라도 기상 상황이 어떨지 대략적인 예보를 할 수 있다. 바로 우리가 매일 귀 기울이는 **일기 예보**다.

기후를 연구하는 학문인 **기후학** 역시 대기를 분석한다는 점에서 기상학과 비슷하다. 그러나 그 목적과 방법은 완전히 다르다. 기후학에서는 적어도 30년, 아니 몇천 년, 어쩌면 그보다 더 긴 시간이 필요하다.

기후학은 이렇게 긴 시간 동안의 연구를 통해 과거 기후를 분석해 현재 데이터와 비교하고, 미래에는 어떻게 변화할지 예측해서 전 세계 각 국가, 지역, 지방의 기후적 특징을 뜻매김한다.

그럼 기상학과 기후학의 쓰임새를 알아보자. 기상학은 내일 로마, 파리, 뉴욕, 서울, 베이징에 비가 내릴지, 아니면 볕이 내리쬘지 예측하는 데 도움을 준다.

반면에 기후학은 최근 몇 년간의 겨울이 21세기 초보다 더 추운지 아닌지를 파악하는 데 보탬이 된다. 그러므로 지난겨울에 경험한 엄청난 추위를 두고 "기후가 변했어!"라고 불평하는 건 오류인 셈이다.

어째서 오류냐고? 오늘 점심시간에 햄버거를 세 개 먹는 학생을 보고서 무턱대고 균형 잡힌 식사를 하지 않는다고 잔소리를 하는 것과 마찬가지이기 때문이다. 그 학생이 균형 잡힌 식사를 하는지 안 하는지는 한 달 또는 한 해 동안 점심시간에 무엇을 먹었는지 살펴보고 분석을 해 보아야 알 수 있다. 단지 오늘 점심시간에 먹은 햄버거 세 개로는 그 학생의 식습관을 판가름할 수가 없는 것이다.

사람들은 종종 날씨와 기후를 혼동해서 얘기한다니까!

한 문장으로 간단히 정리하면, **하나의 기상 상황이 기후 변화를 결정하지는 않는다!**

하지만 우리는 흔히 이렇게 이야기한다.

"요즘은 다들 지구 온난화에 대해 떠들고 있어. 그런데 작년엔 비가 엄청 많이 내렸잖아. 여태껏 살면서 작년처럼 시원했던 여름은 없었던 것 같아. 하나도 안 더웠는걸."

"지구 온난화라고? 무슨 소리야? 지난겨울은 겁나 추웠는데!"

"5월에 뉴욕이 꽁꽁 얼어붙었다는 뉴스 못 봤어? 지구 온난화? 대체 어디 있는 지구 얘기야?"

불행하게도, 이런 말을 하는 부류가 딱히 정해져 있지는 않다. 일반인은 물론이고, 정치인, 기자, 심지어 과학자들까지도 심심찮게 이런 이야기를 한다. 사실 기상 상황과 기후 변화를 예민하게 구분해서 바라보지 않는 사람들은 무슨 일이 일어나고 있는지 제대로 알기가 어렵다. 나아가, 다음과 같은 이름이 붙여진 개념들에 무턱대고 거부감을 느끼기도 한다.

- 지구 온난화
- 기후 변화
- 기후 위기

- 기후 극단화
- 기후 난민

위 단어들은 변화와 위기, 극단 등 강한 느낌들로 조합되어 있어서, 자못 불안한 메시지를 전달한다. 그렇지만 이런 단어들은 우리가 만약 지금까지 살아온 방식대로 계속 살아간다면 위험에 처할 거라는 사실을 끊임없이 예고하고 있다. 단순히 오늘 내일의 기상 상황이라기보다는 기후와 관련된 경고로 받아들여야 한다. 우리가 진짜로 걱정해야 하는 건 예상치 못한 소나기가 아니라 갑작스런 기후 변화니까!

지구에 생물이 출현해 다양한 방식으로 진화하는 데 결정적인 요인 중 하나로 기후를 꼽을 수 있다. 기후는 지금도 빠르게 변화하고—적어도 인류를 포함한 수천 종의 생물에게는 매우 좋지 않은 방향으로—있다. 솔직히 말해 지구는 너무도 빨리 뜨거워지고 있어서 오래지 않아 기후 재앙이 닥치게 될 것으로 예측된다.

누구의 잘못일까?

실제로 기온이 어지러울 정도로 급상승하고 있을까? 앞서 이야기한 것처럼, 이런 의견에 반대하는 사람은 여전히 많다.

"지구가 과거보다 더 뜨거워지고 있다는 건 사실이 아닐걸?"

"옛날 옛적 한니발 장군이 코끼리 떼를 이끌고 알프스산맥을 넘은 건 지금보다 높은 기온 덕분이었잖아?"

"그린란드도 한때는 초원이었을 만큼 따뜻한 시절이 있었다고!"

아주 옛날엔 그린란드가 온통 초원이었다던데?

설마?!

여기에는 정치, 언론, 산업, 우주비행사, 심지어 노벨상 수상자들도 포함된다. 지구가 뜨거워지고 있다는 사실을 인정하지 않는 사람들을 '기후 부정론자(또는 지구 온난화 부정론자)'라고 부른다. 그들은 한술 더 떠서 지구 온난화 자체를 부정하기도 한다. 정확한 데이터가 증명해 보이고 있는데도 불구하고, 기후 부정론자들은 5월에도 추워서 두꺼운 스웨터를 입어야 할 지경인데 무슨 지구 온난화 타령이냐고 하면서 불평을 늘어놓는다.

그러다가도 대부분은 뚜렷한 기후 변화 현상 앞에서 결국 마음을 바꾸게 된다. 하지만 곧 또 다른 문제에 부딪힌다. '지구 온난화를 일으키는 책임이 누구에게 있는가?' 하는 것이다.

- 온실 효과
- 온실가스 배출로 기온 상승
- 인위적 활동(인간 활동에서 비롯한 여러 원인)

이 모든 단어는 하나의 범인을 지목한다. 바로 우리 '인류'이다! 그중에서도 우리의 생활 습관을 가리킨다. 인류는 지구가 제공하는 자원을 마음대로 이용하면서도 미래를 전혀 생각하지 않고 오로지 욕심만 채우기 바빴다. 지금 지구는 우리에게 그동안 사용한 계산서를 내미는 것일 수도 있다!

중대한 문제에 책임감을 느끼고 죄책감을 갖는 건 그 누구도 좋아하지 않는다. 그래서일까? 지구 온난화를 부정하는 사람들은 더 이상 핑곗거리를 찾기가 어렵게 되자, 다른 범인을 찾아내 지목하며 발뺌을 한다.

"태양 때문이라니까?"
"지구 자전축이 기울어진 거 몰라?"
"지구 공전 궤도가 미세하게 바뀌었대도!"

물론 모든 '핫 이슈'에는 반대 입장이 있기 마련이다. 지구 온난화를 걱정하는 사람이 있는가 하면, 그것에 반대하는 사람이 있을 수 있다. 인류를 범인으로 지목하는—그러니까 자기 자신을—사람이 있는가 하면, 이를 부정하는 사람이 있는 게 오히려 당연한 일이다. 또 데이터를 들여다보는 사람이 있는가 하면, 그걸 애써 숨기거나 조작하는 사람도 있기 마련이다.

의심이 생기는 건 자연스러운 일이고, 이는 과학자의 기본 자세이기도 하다. 하지만 **의심은 과학적 방법을 통해 조사할 때만 인정받을 수 있다.** 그렇지 않은 경우에는 이해와 행동을 방해하는 장애물일 뿐이다!

이제 편견을 한쪽에 내려놓고, 우리가 지구 온난화에 대해 알고 있는 정보가 얼마나 진실에 가까운지 과학의 도움을 받아 합리적으로 검토하는 여행을 떠나 보자. 선입견을 해소하는 이 환경 여행을 통해 지구의 미래뿐 아니라 지금 인류가 처한 상황을 이해하고, 앞으로 어떻게 행동해야 하는지 그 방법까지 고민하는 기회가 되기를 바란다!

제1장

얼음으로 뒤덮인 땅이 왜 '그린'란드일까?

1,000년 전, 지구는 지금보다 더 뜨거웠을까?

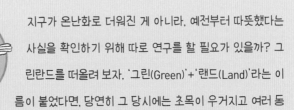

지구가 온난화로 더워진 게 아니라, 예전부터 따뜻했다는 사실을 확인하기 위해 따로 연구를 할 필요가 있을까? 그린란드를 떠올려 보자. '그린(Green)'+'랜드(Land)'라는 이름이 붙었다면, 당연히 그 당시에는 초목이 우거지고 여러 동식물이 살아가는 땅이었을 거라고 추측하게 된다. 만약 지금처럼 눈으로 덮여 있었다면 '화이트랜드(White Land)'라고 이름 붙였을 테니까! 더구나 옛날 사람들은 사물에 이름 붙이는 걸 매우 중요하게 생각했으니……. 그렇다고 해서 그린란드라는 이름만으로 처음 발견된 시절이 지금보다 더 더웠다는 걸 확신해도 되는 걸까? 이에 대한 진실은 뒤에서 확인하길!

녹색으로 빛나는 땅(?), 그린란드

오래전에 누군가가 대서양과 북극해 사이에 있는 큰 섬에 그린란드(라틴어 Groenlandia, 영어 Greenland)라는 이름을 지어 붙였다. 우리말로 옮기면 '녹색 땅' 정도가 될 듯하다. 그린란드는 초기에 그룬트란드(Gruntland)라고도 불렸는데, 이는 '땅의 땅'이라는 뜻이다. 혹시 'Green'을 'Grunt'로 잘못 표기한 건 아닌지 의구심이 들기도 하지만 아직까지 확실히 밝혀진 건 없다. 아주 오래전부터 그린란드를 누비던 이누이트들은 '인간의 땅'이라고 불렀다나.

아주아주 옛날에는 사물이나 땅, 또는 사람에게 이름을 붙일 기회가 꽤 많았겠지.

만약 열심히 헤엄쳐 그린란드에 도착한 펭귄이 있다면 '물고기의 땅'이라고 불렀을지도 모르겠다. 그린란드는 탐욕스런 펭귄들의 낙원이라고 불릴 만하다. 새우와 대구, 넙치 등 배 터지도록 먹을 수 있는 먹이로 가득한 곳이니까. 세상에서 가장 물고기가 많은 바다로 둘러싸인 섬이라고나 할까?

물론 몸길이가 2미터에 이르고, 무리지어 이동하는 습성이 있으며, 가족에게 줄 먹이를 구하기 위해선 무슨 짓이든 할 준비가 되어 있는 그린란드 물개와 치열하게 다투어야 하겠지만.

꽤나 추위를 타는 펭귄이 이 땅에 이름을 붙였다면 '얼음의 땅'이라고 했을 수도 있다. 그린란드의 수도 누크의 평균 기온이 겨울인 2월에는 섭씨 영하 8도까지 내려가고, 여름인 7월에조차도 섭씨 7도 정도에서 그치니까. 물론 얼음의 땅치고는 평범하다고 느낄 수도 있겠다.

내 기준으론 그럭저럭 견딜 만한 기온인데?

그렇지만 지구에서 가장 북쪽에 있는 두 번째 도시(첫 번째 도시는 노르웨이의 롱이어비엔)인 그린란드 카나크는 2월 평균 기온이 섭씨 영하 25도, 7월 평균 기온도 섭씨 6도에 불과하다. 뭐, 가장 낮은 기온으로 섭씨 영하 44도를 기록한 적도 있다! 하긴 북극에서 고작 1,300킬로미터 밖에 떨어져 있지 않으니까.

그렇다 해도 얼음처럼 차디찬 데다 살을 엘 듯이 거세게 바람이 몰아치는 다른 섬들에 비할 바는 못 된다. 카나크에는 바람이 그리 많이 불지 않기 때문이다.

악명 높은 바이킹, 붉은 머리 에리크

그린란드의 이처럼 가혹한 기후에 전혀 아랑곳하지 않은 사람이 있었다나? 바로 '붉은 머리 에리크'였다. 그에게 그린란드는 긴 항해를 마친 뒤에 다다른 은신처와 비슷했다. 눌러살기엔 그다지 적합하지 않지만 임시 거처로는 그럭저럭 지낼 만해 보였달까?

붉은 머리 에리크는 바다에서 빠르게 항해할 수 있게 설계된, 폭이 좁고 길쭉한 배를 타고 다니는 바이킹이었다. 주로 해적질에 의존하던 바이킹들은 자신들이 타고 다니는 배의 뱃머리에 적들을 놀라게 할 용도로 용의 머리나 괴물의 얼굴 같은 모습을 조각해 붙여 두었다. 붉은 머리 에리크의 바이킹선도 마찬가지였다.

에리크라는 인물에 대해 조금 더 알아보자. 에리크는 940년경 노르웨이에서 태어났다. 그가 열 살이 되었을 무렵에 가문 전체가 유배를 가게 되었는데, 아마도 그의 아버지인 토르발드가 살인을 저질렀기 때문인 것으로 추측된다. 노르웨이에서 추방된 후 에리크네 가문은 아이슬란드 북동 지역에 자리를 잡았다.

전설에 따르면 에리크는 뻔뻔스러우면서도 공격적인 성향을 지닌 사람이었다고 한다. 아이슬란드에 도착한 뒤 농장을 짓고 바이킹 마을을 세웠다. 그리고 오래지 않아 그곳에서 아들을 낳았다. 세월이 한참 흐른 다음, 이번에는 에리크가 직접 연루된 끔찍한 살인 사건이 일어나게 되었다. 아이슬란드 마을 회의에서는 에리크와 그의 가족을 모두 3년 동안 유배 보내기로 결정했다.

열 살 무렵의 붉은 머리 에리크

푸른 땅일까, 얼음 섬일까?

붉은 머리 에리크는 싸움만 잘하는 게 아니었다. 한편으로는 모험을 열망하는 유능한 항해사였다. 985년경, 에리크는 한 무리의 바이킹을 이끌고 아이슬란드를 떠났다. 그들이 대서양을 횡단하여 멀리 떨어진 피오르드 해안에 상륙했을 때, 새로운 땅에는 사람이 살고 있지 않은 것처럼 보였다. 이 땅이 바로 그린란드였다! 세계에서 가장 넓은 섬이자 표면의 85퍼센트가 얼음으로 뒤덮인 곳. 끝없이 얼음만 보이는 땅이었으니, 인적이 없는 건 아주 당연한 일이었다.

지금으로부터 300만 년 전에 만들어지기 시작한 얼음이지.

마침내 3년 동안의 유배 생활을 마친 에리크는 아이슬란드로 돌아갔다. 그리고 수많은 사람에게 자신이 발견한 땅이 거대한 희망으로 가득한 살기 좋은 곳이라고 떠들어 댔다. 에리크는 자신이 발견한 땅을 그린란드, 즉 '녹색 땅'이라고 불렀다. 얼음 가득한 땅에 그런 이름을 붙인 이유가 뭐냐고? "새로 발견한 땅에 멋진 이름을 붙여야 사람들이 매력을 느낄 거야." 라고 말했다나?

988년, 에리크는 바이킹선 25척에 400명이 넘는 사람들을 태우고 아이슬란드를 떠나 다시 그린란드로 향했다. 하지만 운이 따라 주지 않은 탓에 무시무시한 폭풍을 만나 겨우 14척만 살아남았다.

엥? 그러니까
사람들이 붉은 머리 바이킹에게
속아 넘어갔다는 거야?

가끔은 나쁜 사람들의 말에 속수무책으로 이끌릴 때가 있다. 나쁜 사람들은 웬만해서는 변하지 않는다. 예를 들어, 붉은 머리 에리크는 살인과 폭력 등을 저질러 마을에서 여러 번 추방당했고, 그때마다 정착할 땅을 찾아 떠도는 신세였다. 그런 그가 새로운 땅을 발견했다고 떠드는데도 사람들에게는 꽤 설득력 있게 들렸던 모양이다.

사실 아이슬란드에서 추방당하고 나서 그린란드에 어렵사리 도착한 붉은 머리 에리크의 가족과 동료들은 새로운 땅에 정착하려 애를 썼다. 하지만 턱없이 부족한 머릿수 때문에 안전하게 살아가기에는 역부족이었다. 그린란드에서 유일하게 기후가 온화한 지역이었음에도 불구하고, 제대로 정착하기 위해서는 많은 사람의 손길이 절실히 필요한 상황이었다. 아, 여기서 오해하지 말자. 그가 정착한 곳이 나머지 그린란드 땅에 비하면 그나마 온화한 지역이었다는 뜻이니까.

그린란드의 겨울은 영원히 끝나지 않을 것처럼 매우 길었다. 상대적으로 여름에는 물고기와 바다 포유류, 그리고 사람이 먹을 수 있는 조류가 충분한 편이었다. 어쩌면 혹독하게 추운 기후에 익숙해진 에리크와 바이킹들의 눈에는 그린란드가 자신들이 떠나온 땅보다 진짜로 살기 좋아 보였을지도 모르겠다.

인류 역사상 첫 번째 부동산 광고업자

아무튼 붉은 머리 에리크의 목적은 그린란드에 성공적으로 정착하는 것이었다. 정착지를 건설하기 위해서는 다른 사람들이 그의 말을 믿고 새로운 땅으로 향하도록 설득해야만 했다.

아이슬란드로 돌아온 에리크는 '그린'란드라고 불리는, 초목이 무성하게 우거져 비옥하기 그지없는(?) 땅에 대해 열심히 설명했다. 그의 말발이 좋았는지 아니면 협박에 넘어갔는지 모르겠지만, 많은 항해사와 전사들이 지상 천국(!)을 향해 떠나기로 결정했다.

매사에 희망을 갖는 것도 좋지만, 터무니없이 좋은 조건을 제시할 때는

일단 의심을 해 보는 편이 낫다. 애초에 그린란드라는 지명은 녹색이 아닌 곳에 정착해서 뿌리 내리기 위해 다른 사람들을 속이려 지어 낸 세계 최초의 허위 부동산 광고였을 뿐이니까.

붉은 머리 에리크가 허영심이 강한 사람이었다면, 아마도 녹색 땅이라는 뜻의 그린란드가 아니라 자신의 별명을 빗대어 '붉은 땅'이라고 불렀을 것이다. 만약 그랬다면 우리 시대 과학자 중 몇몇은 지표면에 붉은색을 띠는 금속인 철이 한때 매우 풍부했던 섬이라고 주장했을지도 모르겠다.

이 이야기는 우리에게 지리적 명칭을 무턱대고 믿어선 안 된다는 사실을 가르쳐 준다. 오래전에 지어진 명칭이라고 해서 해당되는 장소의 지리적 특징을 정확하게 반영하는 건 아닐 수도 있기 때문이다.

몇 가지 예를 들어 보자. 이탈리아 시칠리아섬의 주도인 팔레르모 근처에 '황금 분지'라는 뜻의 '콘카도로'로 불리는 지역이 있다. 물론 이곳 주민들은 금은커녕 그림자조차 본 적이 없다. 한때 감귤류가 많이 재배되어 황금색 들판을 이루었기 때문에 붙은 지명일 뿐이니까.

물론 지리적·문화적 특성을 오롯이 담고 있는 지명도 있다. 오스트리아 중북부의 도시 잘츠부르크는 '소금(Salz)' + '성 또는 산(Burg)'이 합쳐져서 붙은 이름인데, 도시 근교에 커다란 소금 광산이 있어서 생겨난 지명이다.

모든 지명이 잘츠부르크 같은 건 아니니까, 일단 의문을 품어 봐야 한다고!

전 세계 지명의 유래에 대해서 이야기하자면 끝이 없을 것이다. 여기서 중요한 건, '어째서 정치인과 과학자들이 지명 또는 별칭은 중요하게 여기면서, 과학적 자료와 기후 연구의 결과는 믿지 않는 걸까?' 하는 점이다.

솔직히 그동안 과학이 우리가 타고 있는 지구라는 우주선과 이 우주선을 둘러싸고 있는 기후에 대해 그다지 명확한 설명을 하지 못하긴 했다. 그러다 보니 저명한 과학자들마저 '지명의 함정'에 종종 빠지곤 하는 것이다. 이탈리아의 저명한 물리학자는 "그린란드가 왜 드넓은 얼음으로 뒤덮인 땅이 되었는지 이해하는 건 아주아주 중요한 일입니다."라고 외치기도 했다.

그렇지만 붉은 머리 에리크가 그린란드라는 이름을 붙였기 때문에 서기 1000년경 그린란드가 푸른 초원이었을 거라고 믿는다면, 수십 년 동안의 기후 연구 데이터를 완전히 부정하는 셈이다! 기후학에서는 대략 950년에서 1250년 사이에 기온이 올라 따뜻했던 시기를 **중세 온난기**라고 부른다. 에리크의 말에 따르려고 그렇게 부르는 게 아니라, 과학자들의 연구 분석에 따른 결과이다.

에리크는 '중세 온난기'라고 불리는, 그나마 비교적 따뜻한 시기에 그린란드에 도착했다는 건가?

중세 온난기와 소(小)빙하기

중세 온난기를 '중세의 이상 고온 기후'라고 부르기도 한다. 여기서 중세 온난기와 함께 하나 더 알아 두어야 할 단어는 **소빙하기**이다. 1939년에 기후 역사학자 휴버트 램과 빙하학자 프랑수아 매티스가 붙인 이름인데, 기후 이상이 확인된 각각의 두 기간을 나타낸다.

다시 요점으로 돌아가 보자. 과연 붉은 머리 에리크가 정착한 시기인 중세 온난기에 그린란드는 어떤 모습이었을까? 중세에 닥친 이상 기후 기간 동안 어떤 지역은 오늘날처럼 무더웠다. 어쩌면 지금보다 더 더웠을지도 모른다.

그런데 이는 북대서양, 그린란드, 북아메리카, 그리고 유라시아 북쪽 지역에 한정된 이야기였다. 적도 주변의 열대 지역과 태평양 등 다른 지역의 평균 기온은 지금에 비해 현저히 낮았다. 간단히 말하면, 중세 온난기는 세계 모든 지역에서 일어났던 현상은 아니란 것! 지구의 평균적인 온도는 오늘날보다 더 낮았기 때문이다.

그나저나 중세 시대 기온을 어떻게 이토록 자세히 알 수 있냐고? 벌써 1,000년이나 지났는데? 맞다, 중세 온난기에 대한 기후 데이터를 분석하는 건 그리 간단한 일이 아니다. 이를 위해 '프락시 방식'으로 수백만 개의 데이터를 분석해야만 한다.

프락시 데이터는 어디에 쓰는 걸까?

영어로 '대리인'이라는 의미를 지닌 프락시(proxy)란, 과학 연구를 할 때 직접 측정할 수 없는 무언가의 데이터—크기, 깊이, 연대 등등—를 연관되어 있는 다른 데이터로 간접 측정하는 방법이다.

예를 들어 요리사가 스테이크를 구울 때, 얼마나 잘 익었는지 알고 싶지만 칼로 잘라 볼 수 없는 상황과 비슷하다고 할 수 있겠다. 이런 경우 대부분의 요리사는 요리용 온도계로 고기 속의 익힘 정도를 측정하는데, 만일 온도계의 온도가 정확하다면 스테이크는 딱 먹기 좋게 익은 것이다.

이처럼 간접적인 프락시 데이터를 이용한 과학 연구의 대표적인 분야가 기상학, 그중에서도 기후 변화라고 할 수 있다. 이미 지나간 과거의 기후를 재구성하기 위해 직접적인 방법은 사용할 수 없으니, 당시 기후에 반응했던 모든 흔적을 찾아 연구해야 하기 때문이다. 대표적으로 나무의 나이테, 산호, 꽃가루, 빙상의 핵 등을 들 수 있다.

대표적인 프락시 데이터, 베릴륨-10

천체 물리학의 경우, 수천 년 전에 일어난 태양 활동을 조사하기 위해 종종 토양에서 '베릴륨-10'이라 불리는 방사성 화학 원소를 측정한다. 사실 지구는 매 초마다 멀고 먼 우주에서 도달한 우주 광선의 파도를 맞고 있다. 광선이라고 하면 SF에 등장하는 레이저 총이 떠오르겠지만, 우주 광선은 달리는 기차와 부딪치듯 지구 대기에 충격을 가하는 그보다 훨씬 규모가 큰 입자들의 충돌이라고 할 수 있다. 아무튼 우주 광선이 지구 대기에 충격을 줄 때 베릴륨-10이 생산되는데, 베릴륨-10은 비가 내리면 지표면으로 떨어진다.

동시에 태양계의 중심인 태양에서는 태양풍이 불어 나오는데, 태양풍은 태양의 활동이 활발할수록 더 커지므로 태양의 활동이 활발해지는 만큼 지구의 기후에 더 큰 영향을 미치게 된다.

그런데 지구에 도달하는 우주 광선과 태양풍은 서로에게 영향을 주는 관계이다. 태양풍이 거세지면 우주 광선은 태양풍에 밀려 지구에 덜 도착하게 되는데, 우주 광선이 지구 대기에 덜 도달했다는 말은 곧 베릴륨-10이 지구 대기에 더 적다는 뜻이다. 실제로 수천 년 전에 형성된 토양층(지표면의 한 층)에서 베릴륨-10이 덜 발견된다면, 그 시대에 태양의 활동이 더욱 활발했다는 사실을 알 수 있다.

토양과 달리 바위 속에서 발견되는 베릴륨-10의 양은 바위가 무언가—예를 들어 얼음과 같은—에 의해 덮여 있었던 시간에 따라 달라지기도 한다. 베릴륨-10으로 언제, 얼마 동안 지표면이 얼음 단층으로 덮여 있었는지에 관한 정보도 얻을 수 있는 셈이다. 과학자들은 우주와 태양의 활동, 얼음의 유무 등 다양한 프락시 데이터로 해당 시대의 기후를 재구성한다.

여기서는 프락시 데이터 중에서 빙상의 핵에 대해 이야기해 보자. 빙상의 핵이란, 지상에서 아주 깊은 곳까지 이어진 얼음으로 된 수직 기둥을 상상하면 편하다.

1981년 '다이(Dye) 3'이라는 이름이 붙은, 2킬로미터가 넘는 깊이에 있던 빙상의 핵이 그린란드에서 추출되었다. 이 얼음 기둥에서 채취한 DNA는 믿기 힘든 결과를 보여 주었다. 그린란드가 녹지였을 뿐만 아니라, 심지어 오늘날 캐나다와 스칸디나비아에서 볼 수 있는 초목이 울창한 숲이었다는 사실이다! 나비와 거미를 비롯해서 온갖 곤충들이 모여들었던 오리나무와 전나무, 소나무와 주목(朱木) 등 갖가지 나무들이 녹지를 이룬 멋진 땅이었다는 결정적인 증거가 나온 것이다.

결국 에리크가 옳았다는 얘기야?

이렇게 온통 숲으로 덮여 있던 그린란드 남부 지역은 여름에는 평균 기온 섭씨 10도, 겨울에는 섭씨 영하 17도 정도로 분명히 현재보다 더 따뜻했다는 걸 보여 준다. 그와 동시에 이 얼음으로 만들어진 증거는 우리에게 또 다른 진실을 알려 주었다. **그린란드에서 숲이 우거졌던 시기가 무려 40만 년 전으로 거슬러 올라간다는 사실!**

그러니까 바이킹들이 처음 섬에 상륙했을 때, 그린란드는 완전히 얼음으로 덮여 있었던 셈이다. 뻔뻔스러운 붉은 머리 에리크가 사람들에게 새빨간 거짓말을 한 것이다!

짧은 중세 온난기가 지난 이후, 소빙하기(1400~1700년) 기간 동안 기후는 더 혹독해져서 평균 기온이 섭씨 4도까지 내려갔다. 추운 여름과 혹독한 겨울이라는 기후 변화는 그린란드에 살고 있던 사람들의 삶에 크나큰 영향을 끼쳤다. 농작물의 경작 기간은 더 짧아졌고, 가축들에게 먹일 먹이가 부족해졌으며, 바다가 얼어서 해상 이동이 줄어들게 되었다.

그로 인해 상업 활동(또는 해적 활동) 역시 활발하지 못하게 되는 등 여러 복잡한 문제가 연이어 발생하자, 바이킹들은 기후가 더 나은 곳을 찾아 '녹색 땅' 그린란드에서 도망치고 말았다.

지구 온난화 시대, 그린란드에서 벌어지는 일

우리는 종종 두려움 때문에 속임수를 믿는 경향이 있다. 그린란드도 마찬가지다. 인류가 역사 시대로 접어든 이래, 그린란드는 항상 얼음으로 뒤덮인 땅이었다. 단지 한 바이킹이 속임수로 얼어붙은 섬에 '그린'이라는 이름을 붙인 덕분에, 지구 온난화가 언급될 때마다 소모적인(?) 논쟁거리가 되는 신세일 뿐이다.

오늘날 지구상에서 가장 면적이 넓은 섬(오스트레일리아는 섬이 아니라 '대륙'으로 분류되니까 제외)인 그린란드는 반대로 인구 밀도가 가장 적은 곳이

그림의 떡, 아니 얼음 속 고기?

기도 하다.

그린란드에는 1제곱미터당 0.026명의 주민이 살고 있다. 이웃 주민 한 명을 만나기 위해서는 40제곱킬로미터나 되는 넓은 면적 안에서 찾아 헤매야 한다는 뜻이다. 고독을 사랑하는 사람들에게는 정말 천국과 같은 곳이라고나 할까?

그렇게 큰 면적의 그린란드에는 두께 3킬로미터에 이르는 빙상이 지표면의 80% 이상을 뒤덮고 있다. 면적으로 따지면 171만 제곱킬로미터에 달한다. 만약 그린란드의 얼음이 완전히 녹는다면, 현재의 해수면이 7.4미터나 상승하게 될 것이다. 이는 몰디브를 포함한 여러 섬들이 흔적도 찾아볼 수 없을 정도로 바다에 잠기게 된다는 뜻이기도 하다.

중요한 이야기는 이제부터 시작이다! 지구 온난화가 불러오는 심각한 문제 중 하나가 바로 그린란드의 빙상이 점점 더 많이 점점 더 빠르게 녹고 있다는 점이다. 90년대에는 매년 평균 330억 톤의 얼음이 사라졌지만, 2018년에는 일 년에 2,540억 톤이 녹아서 없어졌다.

얼음이 사라지는 건 지표면에 쌓인 빙하가 직접 녹거나 또는 빙산이 분리되면서 일어나는 현상이다. 해마다 평균 2,500억 톤의 얼음이 녹아 사라지면서 전 세계 해수면 상승에 크게 영향을 미치고 있다. 심지어 2019년에는 3,700억 톤에 이르는 빙하가 녹아 사라졌다.

만약 그린란드의 빙하가 줄어드는 현상이 지속된다면, 인류는 이번 세기가 끝나기 전에 해수면이 7센티미터나 상승하는 심각한 상황과 맞닥뜨리게 될지도 모른다. 물론 7센티미터라는 수치에 '에계, 겨우?'라고 생각하는 사람도 있을 것이다. 한 뼘도 채 되지 않아 매우 적은 양처럼 느껴지기도 하거니와, 전 세계가 통째로 바닷물에 잠기게 되는 건 아니니까!

얼음이 녹고 있다는 불편한 진실을 듣느니, 차라리 에리크의 전설을 계속 믿고 싶은 사람도 있을 거야!

하지만 해변에 사는 전 세계의 수많은 주민들은 심한 해일에 노출될 위험에 처하게 될 것이다. 특히 폭풍이 자주 일어나는 계절에는 더욱 위험하다. 그린란드의 빙하가 지금처럼 계속해서 녹는다면, 2100년이 오기 전에 매년 심한 해일을 겪어야만 하는 사람들은 6억 3,000만 명에 이를 것으로 전망된다.

'모르는 게 더 낫다'는 말은 이제 그만!

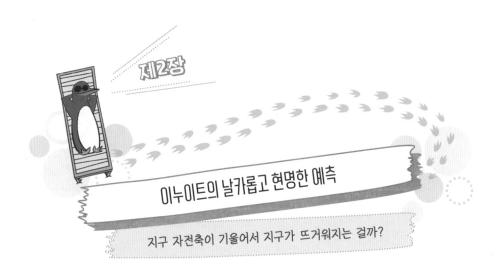

제2장

이누이트의 날카롭고 현명한 예측

지구 자전축이 기울어서 지구가 뜨거워지는 걸까?

어이쿠, 자전축이 움직였다!

2015년 이후, 여러 신문과 인터넷에 믿기 어려운 소식이 종종 실리곤 했다. 북극 주변에 터전을 잡고 살아가는 이누이트족의 연장자들이 북극 지방의 기후 변화가 하늘에서 일어나는 현상 때문이라고 주장했다는 뉴스였다. 이누이트들은 태양이 더 이상 늘 보던 곳에서 떠오르지 않는다고 선언했다. 사실 실제로 이러한 현상이 일어난다면, 날이 점점 더 길어져 기온이 올라가게 될 수도 있다.

달과 별 역시 과거와 다른 위치에 떠 있는 것처럼 보였다는데, 이것 역시 일 년 중 많은 날을 어둠 속에서 살아가는 이누이트들의 방향 감각을 방해하는 요소 중 하나였다.

결정적으로 이누이트족 연장자들은 과거엔 꽤 정확했던 일기 예보를 더이상 맞출 수 없다고 이야기했다. 또한 뜨거운 바람이 눈 덮인 지역으로 들이닥쳐서, 육로와 뱃길로의 이동을 어렵게 만들었다고 한다. 또 북극곰들이 자신들의 영역을 자꾸만 침범하는 것도 같은 이유에서 벌어지는 현상이라고 주장했다.

집에 가다 몸무게 700킬로그램의 굶주린 북극곰과 마주치는 게……, 그다지 반가운 일은 아니겠지.

결국 점점 더 근심이 커진 이누이트 족 연장자들은 나사(NASA, 미국항공우주국)에 메시지를 보냈다! 그들의 진심 어린 호소는 다음 문장으로 압축할 수 있다.

"지구의 축이 움직였다!"

이누이트들의 호소가 언론에 노출이 되면서, 기후 변화를 일으키는 건 우리 인류가 이산화 탄소를 배출해서가 아니라 지구의 자전축이 이동했기 때문이라는 주장이 나오기 시작했다.

앞서 이야기했듯이, 이런 소식이 뜨문뜨문이나마 미디어에 의해 공유된 건 2015년부터였다. 이누이트들이 경고의 목소리를 적어도 2010년에는 던졌음에도 불구하고, 5년 동안이나 아무도 언급하지 않은 셈이다.

북극에서 소식이 도착하려면 아무래도 시간이 걸리겠지, 뭐.

이누이트('인간'을 의미하는 명칭)는 하나의 종족이 아니라, 북극 지역을 삶의 터전으로 삼은 사람들을 말한다. 주로 알래스카, 그린란드, 시베리아와 캐나다 북부 등 광범위한 지역에 걸쳐 살아가는데, 이누이트들은 생존을 위해 자연과 밀접한 관계를 맺고 생활한다.

이누이트들이 살아가는 영역은 실제로 지구의 온도가 올라가면서 매우 큰 타격을 입은 지역들이기도 하다. 그들은 빙하가 녹고 해빙(바닷물이 얼어서 만들어진 얼음)이 줄어드는 걸 매일같이 목격하고 있다. 결론적으로, 이누이트들의 주장이 온전히 꾸며낸 건 아니라고 할 수 있겠다.

그런데 만약—뉴스에서 전하듯—지구 온난화가 지구 자전축의 기울기 변화 때문이라는 사실이 입증된다면, 지구 온난화는 우리가 변화시킬 수 없는 '자연재해'이므로 딱히 인류가 할 수 있는 일은 없어 보인다. 그저 적응하는 수밖에.

여기서 중요한 건, 지구 온난화를 부정하는 많은 사람들이 이누이트들의 이야기를 듣고 나서부터 자전축 이야기를 꺼내기 시작했다는 점이다.

> 그나저나,
> 지구 자전축의 기울기가
> 바뀐다는 게 가능한 일이야?

50억 년 된 팽이 놀이, 그리고 지구

지구의 자전축이 어떻게 탄생했는지 먼저 살펴보자. 지구는 자전축을 기준으로 회전하고 있고, 이 축이 어느 정도 기울어져 있다는 건 사실이다.

대략 50억 년 전, 우리 은하의 '오리온의 팔'이라고 불리는 구역에서 수소 분자로 이루어진 구름이 마치 거대한 팽이처럼 시계 반대 방향으로 회전하고 있었다. 수소 분자 구름은 회전하면서 점점 수평으로 짓눌리기 시작했고, 서서히 가스와 먼지로 이루어진 회전하는 둥근 판이 되어 갔다.

그렇게 둥근 판 중앙에서 태양이 탄생했다! 지구보다 어마어마하게 더 큰 토성을 떠올려 보자. 토성 자리에 태양을 넣어 반 시계 방향으로 자전 시키고, 토성의 띠 자리에 가스와 먼지로 된 둥근 판을 그려 넣으면 비슷한 모양이 되겠다. 이후 몇백만 년이 지나자 둥근 판에서 태양계 행성들이 탄생했고, 각각의 행성들은 시계 반대 방향으로 자전하는 동시에 태양을 중심으로 커다란 원을 그리며 역시나 시계 반대 방향으로 돌게 되었다. 즉, 자전과 공전을 같이 하게 되었다는 뜻이다.

사실 처음부터 8개 행성만이 있었던 건 아니었다. 100개, 아니 그 이상이었다. 현재는 8개 행성에 불과한 태양계지만, 초기에는 행성들이 한가득

이었다!

　결국 공간의 부족으로 인해, 불행하게도 사고—그렇게 넓은 우주 공간에서 접촉 사고라니—가 일어나게 된다. 수많은 행성 가운데 테이아(그리스 신화에 나오는 거인족의 이름 가운데 하나)라고 하는 대략 화성만 한, 그러니까 지구 반절 크기 정도 되는 행성이 있었다. 어느 날 테이아의 위치가 조금씩 변경되다가 지구 쪽으로 점점 다가왔고, 오래지 않아 결국 지구와 충돌하고 말았다. 충돌의 여파로 테이아는 완전히 파괴되었다.

　지구 역시 꽤나 큰 덩어리가 부서져 떨어져 나갔다. 당시 지구는 거친 행성이었다. 바다는 증기를 내뿜고 있었고, 해수면 위에 있는 건 무엇이든 거친 파도가 휩쓸어 갔다. 이런 상황에서 커다란 충격이 더해졌으니, 지구에게는 그다지 좋은 일이 아니었다. 적어도 충돌 초기에는 말이다.

　하지만 이후 지구의 파편인지 테이아의 파편인지는 알 수 없지만, 두 행성이 충돌할 때 튕겨져 나온 파편에서 '달'이 만들어졌다. 우주 공간을 지구와 함께 가로지르는 달은 지구의 바닷물 높이와 자기장 세기를 조절해 주는 우주여행의 동반자인 동시에, 지구를 향하는 운석에 대신 맞아 주는 보디가드이기도 하다.

　테이아와의 충돌 덕분에 생긴 선물은 달 말고도 또 있었다. 바로 지구의 자전축—또는 지구가 회전하는 축을 기준으로 연장선을 상상해 그려 낸 선—이 23도보다 조금 더 기울어지게 된 것이다. 지구의 자전축은 바비큐에 꽂아 불 위에 놓고 돌리는 쇠꼬챙이와 모양새가 비슷하다.

하필 왜 자꾸 음식에 비유하냐고? 음, 먹방이 유행이니까?

그런데 쇠꼬챙이는 항상 같은 각도만큼 기울어져 있을까, 아니면 이누이트들이 말한 것처럼 기울기가 바뀔 수도 있는 걸까? 만약 바뀔 수 있다면 무엇이 기울기를 변하게 만드는 걸까?

사실대로 말하면, 기울기는 거의 변하지 않는다. 앞서 달을 언급한 이유가 여기 있다. 달이 하는 여러 역할 중 하나가 바로 지구 자전축의 기울기를 안정시키는 일이니까! 그러니까 다시 말하면, 지구와 비슷한 크기의 행성과 또다시 충돌하지 않는 한 지구 자전축의 기울기는 거의 동일하게 유지된다는 뜻이다.

게다가 오늘날에는 다른 행성과 충돌할 가능성마저도 거의 없다. 예전처럼 태양계에 공간이 부족할 정도로 행성들이 바글대지 않으니까. 그러므로 천문학자의 입장에서는 자전축의 기울기가 눈에 띄게 달라질 수 없다고 딱 잘라 말할 수 있다. 이렇게 말할 수 있는 건 정말이지 다행한 일이기도 하다.

지금 이 순간에도 지구는 한 시간에 약 1,700킬로미터의 어마어마한 속도로 자전하고 있다. 그 속도는 양쪽 극에 가까워질수록 급격히 줄어드는데, 극에서는 속도가 거의 0에 이르게 된다. 이런 상황에서 만약 회전축의 기울기가 급격히 바뀐다면 어떻게 될까? 아마도 전 인류가 곧바로 알아차리게 될 것이다.

그리고 우리는 모두
죽게 될 거야!
그것도 아주 끔찍하게.

회전축의 기울기가 바뀌면 구체적으로 어떤 일이 벌어질까? 양 극지방이 거의 한 순간에 녹아 버릴 것이다. 모든 대륙에서 끔찍한 지진이 발생하고, 곧이어 회전의 변화로 대륙 곳곳의 얼음도 녹아 없어지게 된다. 지표면의 몇몇 지점이 솟아오르기도 하는데, 몇 킬로미터씩 솟아나게 될 수도 있다. 이걸로 끝이냐고? 아니다! 대기권 역시 완전히 뒤집어진다. 곳곳에서 시간당 몇백 또는 몇천 킬로미터에 달하는 폭풍이 일 것이고, 땅에 있는 모든 걸 찢어발기는 것도 모자라 지구 전체를 황폐화시킬 거대한 소용돌이가 일어날 수도 있다.

운 좋게 거대 폭풍에서 살아남는다 해도, 결과적으로 박테리아를 제외하면 지구상에 아무것도 살아남지 못할 확률이 매우매우 높다. 화산 폭발이 연이어 계속되어서 수십억 년, 짧게는 수천 년 동안 대기에 이산화 탄소를 쏟아 낼 것이니까.

그러니까 지금 우리가 느긋하게 지구 온난화에 대해 논의하고 있다는 사실 자체가, 지구 자전축의 기울기가 갑작스럽게 많이 바뀌지 않은 거라는 매우 합리적인 확신이기도 하다.

물론 지구 자전축의 기울기가 22.5도에서 24.5도 사이에서 조금씩 변화하는 일은 일어날 수 있다. 실제로 약 4만 1,000년의 시간을 주기로 수십억 년 동안 기울기가 변해 왔다. 조금씩 변화하는 건 그렇게 갑작스러운 일이 아니라는 뜻이다.

지구를 팽이에 비유해 보자. 지구라는 팽이의 회전축은 북극성을 향하고 있다. 따라서 북반구에 사는 사람들이 밤하늘을 관찰한다면, 우주의 모든 별이 북극성 주위를 도는 것처럼 보인다.

우리는 이를 너무 익숙하고 당연한 일로 여기지만 항상 그런 건 아니다. 지구의 자전축은 약 2만 6,000년을 주기로 작은 원을 그리며 자신이 향하고 있는 방향을 바꾸는데—자전축의 끝이 향하는 방향을 말하는 것이지, 기울기를 말하는 게 아니다!—이는 몇천 년 전, 그러니까 고대 이집트 시대에는 지구를 꿰고 있는 바비큐 꼬챙이가 가리키는 게 북극성이 아니라 그

동료 별이었다는 사실을 의미한다.

　만약 어떤 사람이 동면했다가 4,000년 뒤에 깨어난다면, 실제로 약간의 혼동을 불러일으킬 수는 있을 것이다. 그러나 몇 년 또는 몇 세기 동안의 상대적으로 짧은 시간이라면, 세차 운동(천체의 작용으로 지구 자전축의 방향이 조금씩 달라지는 현상)이라고 불리는 이 현상은 지구에 별 영향을 미치지 못한다. 무엇보다 기후에 관해서는 더더욱 그렇다. 간단히 요약하자면, **지구 자전축의 기울기는 물론이고 자전축이 가리키는 방향 역시 빠른 시간 안에 바뀔 수 없다!**

지구의 공전 궤도가 변하기도 할까?

어떤 사람들은 기후와 연관해서 지구 궤도의 변화를 말하고 싶어 한다. 태양과 얼마나 가까워졌는지 여부가 지구의 기후에 영향을 줄 수 있다는 건 의심할 여지가 없다. 하지만 역시 고려해야 할 점이 많다.

지구 궤도, 즉 태양을 중심으로 지구가 원을 그리며 도는 회전 운동—달리 말하면 지구의 공전—은 엄밀히 말하면 원 모양이 아니라 타원에 가깝다. 아주 약간 찌그러진 원이라고나 할까? 지구가 그리는 타원 안에서 태양은 한가운데 있지 않고 측면으로 조금 더 빗겨 자리하고 있다. 그래서 일 년 중 지구가 태양에서 더 멀어지는 순간들이 생긴다.

적도와 극지방을 제외하면, 지구는 북반구든 남반구든 추운 겨울과 더운 여름이 번갈아 반복된다. 계절은 남반구와 북반구가 반대라서 북반구가 겨울이면 남반구는 여름을 맞이한다. 예를 들어 이탈리아의 수도 로마에 찬바람이 불면 오스트레일리아의 수도 캔버라에는 무더운 여름이 오는 식이다. 그럼 지구가 태양에 더 가까이 가는 순간이 여름인 걸까?

무언가 이상하지 않은지? 지구와 태양과의 거리 때문에 계절 변화가 생긴다면 지구 전체가 여름 또는 겨울이어야 한다. 하지만 그렇지 않다는 건, 계절은 태양과 지구 사이의 거리와 큰 관련이 없다는 것을 의미한다! 지구에 계절을 생기는 이유는, 방금 우리가 알아본 것처럼 지구의 자전축이 기울어져 있기 때문이다. 기울기 때문에 일 년 중 북반구와 남반구가 차례로 태양에 더 많이 노출되는 것이다.

공전 궤도가 찌그러진 덕분에 지구가 태양에 더 가까이 다가갈 때 지구가 받는 태양 에너지가 증가하는 건 사실이다. 하지만 그 양은 7퍼센트 미만이다. 너무 미미한 양이라서 기후에 의미 있는 영향을 미치기에는 부족하다. 그 이유는 간단하다. 지구의 공전 궤도는 주의해서 보지 않으면 원으로 착각할 정도로 미세하게 찌그러진 타원인데, 지구와 태양과의 최대 거리와 최저 거리의 차이는 겨우 500만 킬로미터밖에 되지 않기 때문이다! 지구와 태양 사이의 평균 거리가 약 1억 5,000만 킬로미터인 데 비하면 정말 미미한 차이라고 할 수 있겠다.

태양 주위를 도는 지구의 타원형 궤도는 대략 몇천 년 안에 더 찌그러질 수도 있다. 그리고 실제로 41만 3,000년에 걸쳐 그렇게 되고 있다. 그게 제 갈 길을 못 가는 지구 잘못이냐고? 주로 지구의 궤도에 성가시게 간섭하는 건 목성과 토성—솔직히 금성도 포함—인데, 이 행성들의 중력이 지구의 공전 궤도를 변하게 만든다.

지금 우리는 매우 느리고
아주 미세한 변화에 대해
이야기하고 있다는 점,
잊지 말라고.

지구의 공전 궤도가 변하는 현상이 고대 해양 미생물의 출현과 멸종을 불러온 것으로 추측하기도 한다. 물론 약 4억 8,100만 년 전에서 4억 1,900만 년 전 사이 수백만 년에 걸쳐 일어난 일이다.

만약 이런 공전 궤도의 변화가 갑작스럽게 일어난다면, 우리는 자전축의 기울기 변화 때와는 다른 문제들을 겪게 될 것이다. 공전 궤도에서 크게 벗어나 태양에 충돌하거나 깊은 우주 공간으로 사라질 위험에 처할 것이니까! 생명체들이 멸종할 거라는 결말은 비슷하다고 볼 수 있겠다.

게다가 공전 궤도가 크게 바뀌려면 정말 거대한 물체—지구와 충돌했던 테이아 행성처럼—가 지구 주변을 지나가거나 충돌해야만 한다. 그게 아니라면 매우 많은 소행성들이 지구를 스쳐 지나가거나.

다행인 건 그런 일이 일어날 확률은 매우 희박하다는 거지.

천문학자의 입장에서 정리하자면, 지구 자전축의 기울기나 공전 궤도에 커다란 변화가 일어났을 가능성은 거의 없다. 물론 지구 온난화를 부정하는 사람들은 그래도 최소한 미미한 변화는 있지 않겠느냐고 반문한다. 그런 여러 번의 아주 작은 변화들이 모이고 모여 기후에 큰 영향을 줄 수도 있을 거라는 주장이다.

밀란코비치 순환 이론을 찾아서

지구 온난화를 부정적으로 바라보는 사람들은 최근의 기후 변화가 특이한 일이 아니라는 자신들의 주장을 뒷받침하기 위해, **밀란코비치 순환**이라 불리는 이론을 참조한다.

이 어려운 이름이 붙은 이론은 '밀루틴 밀란코비치(1879~1958년)'라는 세르비아의 토목 기사이자 수학자, 천체 물리학자의 이론에서 유래했다. 밀란코비치 순환은, 간단히 말하면 '주기적으로 변화하는 일부 변수의 합에 의해 지구의 기후가 영향을 받는다.'는 이론이다. 여기서 말하는 변수에는 지구의 공전 궤도, 세차 운동 그리고 자전축의 기울기 등이 포함된다. 앞서 보았듯이 아주 긴 시간 동안 천천히 조금씩 바뀌는 변수들이다.

물론 지구의 공전 궤도가 약간 더 찌그러질 경우 태양에서 지구에 도달하는 에너지가 더 많거나 또는 더 적어지게 될 것이다. 또 지구가 세차 운동을 하는 동안 자전축이 방향을 바꾸게 되면, 겨울은 더 춥고 여름은 더 더운 극단적인 계절을 맞이하게 될 수도 있다.

지구 자전축 역시 기울기가 더 커지거나 작아지면 기후에 영향을 줄 수 있다. 기울기에 따라 빙하기가 시작되기에 딱 좋은 상태가 될 수도 있고, 오히려 여름과 겨울이 더욱 온화해질 수도 있으니까.

방금 설명한 모든 변수는 지구 전체 또는 지표면이 받는 태양 에너지의 양에 가벼운 변화를 일으킬 수 있을 것으로 예측된다. 여기서 밀란코비치는 스스로 질문을 던졌다.

'만일 이런 변화가 한꺼번에 일어난다면, 빙하기가 오거나 폭염이 이어지는 극단적인 시기가 오지는 않을까?'

실제로 매우 흥미로운 생각이었고, 당연히 연구해 볼 가치가 있는 주제였다. 훌륭한 학자인 밀란코비치는 계산을 시작했다. 그리고 계산 끝에 이 모든 변수들이 합이 매 10만 년마다 발생할 수 있다는 사실을 발견했다. 1만 년이 아닌, 정확히 10만 년마다.

물론 정확한 예측은 있을 수 없다. 모든 변수의 효과가 동시에 일어난다고 해도 정말로 빙하기가 오게 될지 감지하기란 무척 어려운 일이다. 또 변수들이 동시에 효과를 일으키는 타이밍은 더욱 예측하기 어렵다. 그러니까 주기가 실제로는 10만 년이 아니라 40만 년일 수도 있다는 이야기다. 가령 누군가 40만 년 후에 올 빙하기를 기다리면서 동면에 들어갔는데 계산이 조금 어긋나게 되었다고 치자. 아주 조금이지만, 20만 년을 더 기다려야 할 수도 있다.

많은 과학자들은 대기 중 이산화 탄소 농도와 같은 새로운 매개 변수를 계산에 추가하면서까지, 현재의 기후 변화와 지구의 변동 주기를 맞춰 보

빙하기를 기다리던 사람 입장에서는 정말 힘 빠지는 일이겠네.

고자 애쓰고 있다. 하지만 아직까지 아무도 일치시키지 못했다.

설사 변동 주기를 완벽하게 예측할 수 있다손 치더라도, 풀어야 할 숙제는 남아 있다. 예측 결과는 지금도 급변하고 있는 기후 상황을 전혀 반영하지 못할 것이다! 이는 오늘날의 기후 변화가 일반적인 '순환 주기'에서 벗어났다는 사실을 고려하지 않은 데서 오는 문제라고 할 수 있겠다.

여기서 잠깐!

지구 기후의 순환 주기

기후는 자연적인 주기에 따라 시간이 흐르면서 변한다. 누군가는 '지구가 숨을 쉰다!'고 표현하기도 한다. 지구 온난화를 부정하는 사람들 역시 '기후는 항상 변해 왔다.'고 주장한다. 세상에 어떤 과학자도 감히 이에 대해서는 반대하지 못한다. 여기서 다음 질문이 중요하다.

'기후가 항상 변해 왔다면, 왜 더 이상 변하면 안 되는 걸까?'

지금처럼 지구가 뜨거워질 수 있고 그것이 정상적인 현상이라면, '기후의 자연 변동성'이라고 부를 수 있을 것이다. 기후 변동성에 대해 연구하는 기후학자들은 적어도 30년 동안 측정한 기후 데이터의 평균값을 참고한다. 그러니까 통계적으로 기후가 변화했다는 건, 30년 동안 측정한 평균 데이터가 변화했다는 의미이다. 이런 변화는 더위나 추위가 더 심해지는 새로운 기후로 이어질 수 있다.

아무튼 결론을 내리자면,
기후는 변할 수 있다!

두 번째 질문은 속도에 관한 것이다.

만약 '기후가 변한다면, 어떤 속도로 변할까?'

지구의 자연적인 주기가 어떻게 작동하는지 이해하기 위해 몇 가지 데이터를 살펴보자. 지난 100만 년 동안 약 10만 년마다 번갈아 빙하기와 간빙기가 등장했다. 비록 밀란코비치가 바라던 모든 변수가 일치하는 시기는 아니지만. 마지막 빙하기는 약 2만 년 전 절정에 이르렀다. 지금 우리는 간빙기에 살고 있는데, 이 시기를 '홀로세'라고 부른다.

자, 여기서 지구가 거북처럼 느려 터진 자연 주기를 반복한다는 현실을 인정하도록 하자. 문제는 지금의 온도 변화가 거북답지 않다는 점이다!

호모 사피엔스가 지구에 손을 대지 않았더라면 달랐겠지!

홀로세 동안 기온이 가장 높았던 시기는 기원전 5000년경이었다. 그 뒤로 기온이 점점 내려갔고, 중세 시대(950~1250년)에 조금 올랐다가 소빙하기를 겪으며 다시 내려갔다. 그후 기후는 아주아주 천천히 따뜻해졌는데, 그 변화가 너무 서서히 이루어져서 세계 많은 지역에서 아무도 알아차리지 못했다.

그런데 최근 150년 동안 인류는 그 어느 때보다도 지구 온난화를 강하게 경험하고 있다. 기후학자들은 요즘의 온도 변화를 '하키 스틱'이라고 부른다. 하키 스틱이야말로 최근 2,000년간 지구의 평균 기온 그래프를 그리기에 완벽한 모양을 하고 있기 때문이다!

기후는 변한다. 기후는 항상 변하지만, 결코 주기에서 벗어나 절대로 급격하게 변하지 않는다. 즉, 지금의 온도 상승은 절대 정상이 아니라는 의미이다.

현재

과거

긴 시간에 걸친 짧은
주기의 느린 온도 하강

단 150년 만에
급격한 온도 상승

크리스마스트리를 장식한 동그란 공

뉴스로 보도되는 이야기 중에서 우리를 헷갈리게 만드는 소식이 있다. 여태 지구의 자전축이 급격히 변하는 사례는 없다고 설명했는데, 큰 지진이 일어난 뒤 뉴스에서는 왜 지구의 자전축이 자리를 이동했다고 대서특필하는 걸까?

솔직히 말하면, 이를 취재한 사람들이 혼동하는 경우가 대부분이다. 많은 사람들이 자전축을 다른 또 하나의 축과 혼동하는 경우가 많다. 또 하나의 축을 부르는 이름은 **지구의 중심축**이다. 지구의 중심축은 **지구의 모든 질**

량이 평형을 이루는 위치라고 할 수 있다.

거대한 이쑤시개에 지구를 꽂아서 크리스마스트리 장식으로 매달아 놓고자 한다면, 중심축에 맞추어 균형을 잡아야 할 것이다. 그래야만 지구가 떨어지지 않은 채 똑바로 걸려 있을 테니까.

사람을 작게 축소해 크리스마스트리에 매다는 상황을 상상해 보자. 정면에서 바라본 상태에서 사람을 매다는 건 어렵지 않다. 사람의 양쪽 팔, 양쪽 다리는 질량이 거의 비슷하니까. 그러니까 몸의 중심축, 그러니까 한 번 매달리면 균형을 유지할 수 있는 긴 선이 사람의 두 눈 사이를 지나 세로로 내려가면서 몸을 똑같은 두 부분으로 나눈다고 볼 수 있다.

그런데 사람의 옆모습이 보이게 매달고 싶다면? 툭 튀어나온 배—똥배가 아니라, 에어백과 같은 일종의 안전장치라고 해 두자!—덕분에, 배가 등보다 훨씬 무거워서 몸의 중심축은 신체의 중심을 정확하게 지나지 못하고 배 쪽으로 향하게 된다. 따라서 크리스마스트리에 매달린 사람은 불균형을 이루어 삐뚤어지게 매달리고 말 것이다.

그나마 지구는 균형을 잡기에 상황이 조금 낫다. 완벽한 구는 아니어도 대략 구라고 할 수 있으니까. 그런데 회전하는 지구의 한쪽 면 위에 큰 껌이 붙으면 어떤 일이 벌어질까? 지구의 자전축은 더 이상 지구의 중심축과 일치하지 않게 된다. 껌이 지구가 회전하는 회전축의 위치를 바로 바꾸지는 않겠지만, 회전하는 동안 진동을 일으키면서 결국엔 회전 속도가 변하게 만들 것이다.

현실적으로 우리는 지구 위에 큰 껌을 붙일 수 없다. 하지만 움직이는 지층, 마그마, 빙하, 바다 등은 껌과 비슷한 역할을 한다. 지구를 불균형하게 만드는 것이다! 더욱이 지구는 완벽한 구가 아니라 양극이 찌그러져 있는데다 표면이 여기저기 볼록 튀어나와 있다. 이런 이유로 지구의 중심축은 자전축과 일치하지 않고 약 십여 미터 정도 차이가 나게 된다.

또 지표면 전체를 움직이게 만드는 큰 지진과 같은 자연 현상 역시 지구의 회전 속도와 지구 중심축을 바꿀 수 있다. 아주아주 조금이지만. 2011년에 일어난 동일본 대지진은 지구 중심축을 약 17센티미터 정도 움직인 것으로 추정된다. 2010년에 칠레에서 일어났던 대지진의 여파로는 8센티미터 정도 움직였고, 2004년에 인도양에서 발생한 대지진은 7센티미터 정도 움직이게 만들었다.

지진 외에도 지구 중심축을 움직이는 요인으로 두 가지 더 들 수 있다. 바로 해류와 바람이다. 이 둘은 지진보다 더 자주, 더 큰 영향을 미친다.

특히 기후 변화를 일으키게 되지.

뿐만이 아니다. 최근 들어 그린란드에서는 매년 약 3,000억 톤의 얼음이 녹아서 없어진다. 남극의 서쪽에서는 약 2,000억 톤의 얼음이 사라진다. 최근에 눈이 많이 내렸던 남극의 동쪽 지방에서는 겨우 얼음의 양이 회복되었지만, 그래 봤자 1,000억 톤에 불과하다. 게다가 심한 가뭄과 개발, 채굴로 인해 매년 5,000억 톤의 물이 전 세계 대륙에서 사라지고 있다. 이렇게 어마어마한 양의 질량이 이동하면, 지구의 중심축이 얼마나 변하게 될지 대략이나마 상상해 볼 수 있을 것이다.

결과적으로 이누이트들의 주장이 옳았던 부분도 있다. 지구 중심축이 정말로 움직였으니까! 자전축이 아니라 중심축이긴 하지만. 그리고 중요한 건, 뉴스 보도와 반대로 지구 온난화는 지구의 중심축을 움직인 '결과'가 아니라 '원인'이다.

'이누이트가 말한 것과 반대'가 아니라, '뉴스 보도와 반대'라고 한 말에 주목하자. 이누이트들은 **지구 온난화가 지구 중심축이 변해서 생긴 현상이 아니라, 지구 온난화가 일어났기 때문에 지구 중심축이 옮겨졌다고 주장했다.** 기온이 올라가고 빙하가 사라지면서 더는 예전과 같은 장소에서 해가 뜨지 않게 되었다고 말했으니까.

뉴스를 보도한 사람이 헷갈렸거나 아니면 의도적으로 숨겼거나, 둘 중의 하나일 것이다.

오해가 있었던 모양인데······?

장로님!

드디어 돌아오셨군요! 신문에서 대서특필했다고 해요.

드디어 모두가 알게 되겠군요.

장로님!!

기사가 났어요!

이누이트들의 주장: '결과'적으로 지구 온난화가 일어났어요!

······.

······.

······.

그런데 말이야.

나, 이렇게 얘기 안 했거든.

진짜 아닌데······.

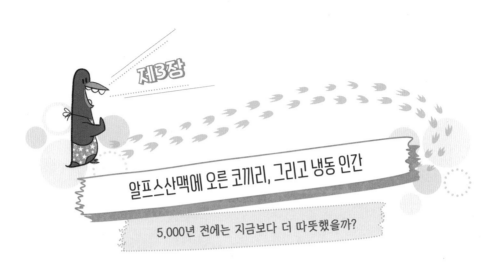

알프스산맥에 오른 코끼리, 그리고 냉동 인간

5,000년 전에는 지금보다 더 따뜻했을까?

고대 시대의 탱크, 코끼리 부대

오늘날 아프리카코끼리와 함께 알프스산맥(독일, 프랑스, 이탈리아 등 유럽 대륙 중남부에 걸친 산맥으로, 빙하에 덮인 아름다운 산봉우리들로 유명하다.)을 넘는 건 아주 불가능한 일이 아닐지도 모르겠다. 평균 기온이 크게 오르는 바람에 웬만한 산에서는—드높은 알프스산맥마저도—눈 쌓인 부분이 눈에 띄게 줄어들었으니까.

물론 코끼리를 몰고 알프스산맥을 넘는 게 처음이 아닐 수는 있다. 비슷한 사례가 역사책에 나와 있기 때문이다. 아주 오래전인 기원전 218년, 그러니까 지금으로부터 2,200년도 더 전으로 거슬러 올라가야 한다.

믿을 수 없는 모험의 주인공은 지중해 고대 국가 카르타고의 장군 한니발이었다. 한니발은 제2차 포에니 전쟁(기원전 264년, 북아프리카에 자리 잡은 카르타고와 이탈리아 반도를 차지한 로마가 지중해의 패권을 차지하기 위해 벌인 전쟁. 도합 백 년이 넘는 시간 동안 지속되었다.)이 발발하자 겨울이 오기 전에 이탈리아 본토를 침공할 목적으로 5월에 이탈리아 원정에 나섰다.

로마인들은 한니발이 지중해를 건너서 쳐들어올 줄만 알았지, 서쪽인 에스파냐에서 출발해 알프스산맥을 넘어 이탈리아 반도 북쪽으로 쳐들어올 줄은 미처 예측하지 못했던 모양이다.

로마의 역사가 티투스와 폴리비우스가 쓴 역사책에 의하면, 로마군의 허를 찌르기 위해 모험을 강행한 한니발은 도처에 함정이 가득한 힘겨운 상황에 맞닥뜨렸다고 한다. 알프스산맥을 넘기 위해서만 2주 내내 매우 힘들게 행군했단다.

동네 산도 아니고 알프스라니,
생각만 해도 사탕이 필요한 느낌인걸.
물론 철저히 준비된 군대와 함께였겠지, 뭐.
근데 여기서 코끼리는 왜 나오는 거야?

한니발이 이끈 군대는 역사상 로마에 맞선 무수한 적들 중에서 가장 강력했다. 7천 명의 기병과 3만 명에 달하는 보병, 그리고 37마리의 코끼리로 이루어진 군대와 맞서야 했으니, 전쟁에 이골이 난 로마군이라도 도망치고 싶은 생각이 들었을 것이다.

그런데 어떤 역사책에는 알프스산맥을 넘은 코끼리가 2만 마리에 달했다고 서술되어 있다. 이 거대한 후피 동물(두꺼운 가죽으로 덮인 포유동물을 이르는 말로 코끼리, 하마, 돼지 등이 있다.) 2만여 마리가 알프스산맥을 넘는 장면을 상상해 보자.

몸무게가 3톤에 가깝고 몸길이는 3미터에 달하는 아프리카코끼리 2만 마리가 차가운 눈과 미끄러운 얼음 속에 발을 디뎌 가며 가파른 절벽을 가까스로 걸어 험난한 알프스 고개를 넘는다면…….

아무튼 아프리카 코끼리가 지나는 곳에는 산길이든 얼음길이든 물살이 거친 강이든, 널찍한 길이 생겼을지도 모르겠다. 2만여 마리의 코끼리가

좀 헷갈리는데?
그래서 코끼리가 37마리였다는 거야,
2만 마리였다는 거야?

차지하는 면적은 오늘날 축구장 12개 크기에 달했을 거니까.

　물론 진실은 코끼리 37마리에 가깝다. 적어도 전쟁을 겪은 역사적 증인들의 말에 따르면 그렇다. 거대한 코끼리는 고대 시대에 종종 전쟁 병기로 이용되었는데, 오늘날의 탱크와 가까운 존재였다.

　전쟁용 코끼리들은 데뷔한 지 얼마 지나지 않아 끔찍하고 피비린내 나는 악명을 얻게 되었다. 처음 전투에 투입되었을 것으로 여겨지는 인도의 계곡에서 아프리카 북부 해안에 이르기까지, 코끼리들은 선봉에 선 돌격 부대로 이용되었다. 여태껏 살면서 한 번도 코끼리를 보지 못한 고대 로마인들이 기다란 상아를 삐죽 내민 거대한 코끼리와 전장에서 마주쳤다고 생각해 보자. 아, 로마인이나 코끼리나 놀라긴 마찬가지였으려나?

　그나마 다행인 건, 에스파냐에서 출발한 한니발은 아프리카 사바나에 사는 코끼리들에 비해 몸집이 다소 작은 '아프리카 숲 코끼리' 무리를 이끌고 출발했다는 점이다.

코끼리 이야기가 재밌긴 한데…….
근데 대체 코끼리가 기후 변화와
무슨 상관이 있다는 거야?

기후에 오류가 있다?

코끼리가 알프스산맥을 넘었다는 사실과 기후 사이에는 생각보다 큰 연관성이 있다! 인류의 다양한 활동 때문에 지구가 뜨거워지고 있다는 명확한 사실과 더불어, 여전히 지구 온난화를 부정하는 저명한 과학자들—기후학이 아닌 다른 과학 전문가들!—이 많다는 것도 의심의 여지가 없다. 지구 온난화를 부정하는 과학자들은 한니발이 아프리카 코끼리들을 이끌고 알프스산맥을 넘었다는 역사적 사실이, 바로 고대 로마 시대가 지금보다 더 더웠다는 '증거'라고 주장한다.

지구 온난화를 부정하는 사람들이 가장 자주 인용하는 문구는 한 과학자의 연설에서 비롯되었다. 심지어 노벨상 수상자였다! 2014년, 노벨 물리학상 수상자이자 세계적인 물리학자 카를로 루비아가 이탈리아 상원에서 연설을 했다. 지구 온난화를 부정하는 내용이었다.

"최근 2,000년 동안 지구의 온도는 크게 변했습니다. 예를 들어 볼까요? 고대 로마 시대에 한니발은 이탈리아에 오기 위해 코끼리를 동원했습니다. 오늘날에는 일어날 수 없는 일이지요. 왜냐하면 지구의 현재 기온이 고대 로마 시대에 비해 더 낮기 때문입니다. 그러므로 코끼리들은 그들이 과거에 지났던 지역을 오늘날에는 통과하지 못할 것입니다."

그러나 고대 로마의 역사학자인 폴리비오스가 쓴 책에는 한니발이 아직 겨울이 오기 전에 쳐들어왔음에도 불구하고 추운—혹은 전혀 덥지 않은!—기후 속에서 악전고투했다고 기록되어 있다. 지난겨울 이후 녹지 않

은 눈 위에 또다시 내린 새로운 눈 때문에 알프스산맥을 넘는 행군은 끔찍
했다고 한다. 눈을 처음 보는 불쌍한 코끼리들은 쉴 새 없이 미끄러졌을 것
이다.

이건 무척 중요한 실마리이다! 오늘날 가을철 해발 2,000미터 높이의 산

등성이에 아름다운 눈이 내리는 건 그다지 이상한 일이 아니다. 반대로 지난겨울에 내린 눈이 다음해 가을까지 남아 있지 않은 것도 크게 놀라운 일은 아니다. 점점 더 더워지는 여름 날씨에 견디지 못하고 다 녹아 버리는 게 이젠 매우 익숙하니까.

그런데 한니발이 알프스산맥은 넘은 시대는 추웠던 게 분명하다. 한니발이 아무도 예상치 못한 위업—알프스산맥을 넘어 로마로 진격하는—을 쌓는 동안 이미 군대의 절반과⋯⋯, 거의 모든 코끼리들을 잃고 말았다! 에스파냐 해안에서 뜨거운 태양을 보며 살았던 병사들과 코끼리들은 추위와 피로에 지칠 수밖에 없었다. 게다가 그들에게는 높은 고도의 산에서 견딜 수 있는 최신 장비가 하나도 없었다!

한니발의 불쌍한 코끼리들
가운데 딱 한 마리만 살아남았지!
하지만 역시 멀리 가지 못하고
얼마 지나지 않아 죽고 말았어.

마지막까지 살아남은 슈퍼 코끼리의 이름은 '수루스'였는데, 무리에서 가장 몸집이 컸다. 수루스는 카르타고군의 지휘자인 한니발 장군의 개인 코끼리였기 때문에 로마 사람들의 뇌리에 무엇보다 선명하게 남았을 것이고, 덕분에 정확하게 기록되었을 가능성이 매우 높다. 대(大) 플리니우스라는 당시 역사가는 수루스를 포에니 전쟁에서 가장 용감한 코끼리로 기록했고, 수루스가 죽자 사람들은 그의 명예를 기렸다고 한다.

요약하자면 수루스는 에스파냐에서
이탈리아 중북부까지 여행한 셈이네.
대체 그 불쌍한 코끼리에게
어떤 여행을 시킨 거야?

똥으로 만든 길을 따라가다

코끼리를 동반한 카르타고 군대가 무슨 길로 갔는지, 어떤 경로를 따라 알프스산맥을 넘었는지 한동안 정확하게 알 수 없었다. 한니발은 지금의 프랑스 땅을 지나가면서 원래 살고 있던 갈리아인들의 매복을 피하기 위해 매우 복잡한 길을 선택했던 모양이다. 덕분에 역사학자들은 지금까지도 고고학적인 증거를 찾는 데 애를 먹고 있다. 아무튼 오랜 시간 카르타고 군대가 알프스산맥을 지났다는 확실한 증거가 될 동전, 무기 등과 같은 유물이 발견되지 않았다.

그러다 2016년, 새로운 연구가 시작되면서 2,000년도 더 된 카르타고 군

대의 실제 여정에 관한 실마리가 조금씩 보이게 되었다! 한니발이 이끄는 카르타고군은 이탈리아 북부 평야 지대에 도착하기 직전, 해발 약 3,000미터 고지를 지나 알프스산맥 기슭의 오늘날 프랑스와 이탈리아 국경 지대 '콜 드 트라베르세트(Col de la Traversette)'에 도착했을 것으로 추정된다.

연구자들은 2,000여 년이나 지난 일을 이제 와서 어떻게 알아냈을까? 새로운 연구란 일종의 '기념품'을 찾아 유전 및 환경 화학 분석을 하는 작업이었는데, 조금 지저분한 기념품이었다. 바로 동물 배설물의 흔적이었다! 즉 똥을 따라 고대의 산악 행군 여정을 따라가 본 셈이다.

사실 동물의 배설물이 그 긴 시간 내내 남아 있을 수 있다는 건 연구자들조차 대부분 상상하지 못했을 것이다.

똥 연대 아니, 탄소 연대 측정의 원리

우선 사실부터 이야기해 보자. 고대 생명체의 '배설물'도 당연히 화석이 될 수 있다. 만들어지는 과정과 생김새에도 불구하고……, 이 생산물은 연구자들을 위한 정보의 광산이라고 할 수 있다. 배설물이 다양한 유전 물질을 포함하고 있기 때문이다! 배설물은 그 주인(?)이 갖고 있던 유전 물질을 통해 해당 동물의 식습관과 건강 상태를 알려 주는 건 물론이고, 먹이로 삼은 개체의 정보까지 제공한다. 수만 년이라는 어마어마한 시간상의 차이가 있더라도 가능하다.

무엇보다도 배설물이 포함하고 있는 미생물이 연구자들의 관심 대상이다. 배설물 안에 있는 박테리아는 수천 년 동안 땅속에서 살아남을 수 있기 때문이다. 또 배설물에서 기생충 알이 발견되기도 하는데, 불쾌하게 느껴질 수도 있겠지만 연구자들은 기생충의 알을 특별한 타임캡슐처럼 소중하게 다룬다!

예를 들어 보자. 말의 배설물 속에 있는 박테리아의 70퍼센트는 '클로스트리듐'이라는 속(생명체를 분류할 때, '과'와 '종' 사이에 붙여진 이름)에 속한다. 그럼 만일 어떤 지역에서 클로스트리듐이 매우 집중적으로 발견된다는 건 어떤 뜻일까? 그 지역이 말을 키우던 목장이라는 사실을 유추할 수 있다.

똥이 만들어진 시기를 밝히다!

그렇다면 이렇게 발견한 배설물이 언제 만들어진(?) 것인지 어떻게 알 수 있을까? 똥을 연구하는 과학자뿐만 아니라, 고고학자들과 인류학자들에게도 매우 운 좋은 일이 있었다. 제2차 세계 대전이 끝난 뒤, 미국의 화학자 윌러드 리비(1908~1980년)가 매우 훌륭한 연구 결과를 발표한 것이다! (리비는 해당 연구로 1960년에 노벨 화학상을 받았다.)

윌러드 리비가 연구한 방법은 '탄소'와 관련이 있다. 탄소는 '생명의 기초가 되는 화학 원소' 중 하나로 잘 알려져 있는 만큼 모든 유기물에 포함되어 있는데, '동위 원소'라고 불리는 세 가지 형태로 존재한다. 이를 탄소-12(^{12}C), 탄소-13(^{13}C) 그리고 탄소-14(^{14}C)라고 부른다.

탄소-12와 탄소-13은 자연 상태에서 안정적으로 유지되지만, 탄소-14는 방사성

동위 원소로 분류된다. 놀라지 마시라, 그렇다고 탄소-14가 생명체에 해를 끼친 다는 뜻은 절대 아니니까. 탄소-14는 오히려 아무것도 하지 않다가 시간이 지나 면 다른 물질로 변하는데, 정확히는 '질소'로 바뀐다.

중요한 건 이런 변화가 '규칙적'으로 일어난다는 점이다. 만일 여러분이 탄소-14 원자 400개를 갖고 있다면, 평균 5,730년 동안 이들 중 절반이 질소 원자로 바뀌 면서 반으로 줄어들게 된다. 또다시 5,730년이 지나면 탄소-14의 원자의 수는 100개가 되고, 그다음에는 50개, 그런 식으로 계속 줄어든다.

이런 식으로 탄소-14가 변해서 줄어드는 동안, 대기권에 들어온 우주 광선이 질 소와 반응해 새로운 탄소-14가 만들어진다. 그 덕분에 지구의 대기에서 탄소-14 가 차지하는 비중은 어느 정도 비슷하게 유지된다. 또한 모든 생명체는 호흡이나 광합성을 통해서 끊임없이 탄소를 대기와 교환하기 때문에 유기체는 살아 있는 동안 대기와 같은 농도의 탄소-14를 내부에 유지한다.

그럼 유기체가 죽으면 어떻게 될까? 대기와 탄소를 교환하는 과정이 중단되어 유 기체 내부에 있던 탄소-14의 개수가 줄어들게 되는데, 앞서 이야기한 대로 5,730 년마다 절반으로 줄어든다.

그럼 다시 배설물 이야기로 돌아가 보자. 여러분이 고고학 유적지에서 정체 모를 똥을 발견했다. 더러우니 피해 가라고? 그럴 게 아니라 재빨리 배설물에 있는 탄 소-14의 농도를 계산해 보아야 한다. 우리는 유기체가 살아 있을 때 탄소-14의 농도가 얼마인지 알고 있으므로, 줄어든 탄소-14의 양을 통해 유기체의 나이와 연대를 측정할 수 있다. 이를 '방사성 탄소 연대 측정법'이라고 부른다.

인디아나 존스

손대지 마시오!

'잃어버린 똥의 비밀' 편

물론 방사성 탄소 연대 측정이 그렇게 간단한 일은 아니다. 기후 변화, 우주 광선의 양, 최근 두 세기에 걸친 화학 연료 사용, 그리고 수십 년 동안 행해진 핵실험 등 다양한 이유로 유기체가 유지하는 탄소-14의 양이 시대에 따라 달라질 수 있기 때문이다. 다행스럽게 몇몇 프락시 데이터가 오류를 수정하여 신뢰할 수 있는 정보를 뽑아내는 데 도움을 주고 있다.

알프스산맥에서 발견한 배설물들은 연대 측정 결과 기원전 200년경에 만들어진(?) 것으로 확인되었다. 즉, 한니발이 행군한 경로를 찾은 셈이다!

그러니까 결국,
다 똥에 달려 있는 셈이로군!
특히 말똥, 그리고 노새랑……
코끼리 똥도!

빙하에서 발견된 아이스 맨, 외치

배설물의 나이(?) 측정과는 별개로, 한니발이 이끄는 카르타고 군대가 행군할 무렵 알프스산맥 지역의 기후가 지금보다 더 추웠을지 아니면 덜 추웠을지 확인하는 작업이 필요하다.

사실 수집한 모든 자료들이 가리키는 방향은 분명하다. '최근' 역사에서 알프스산맥에 이렇게 얼음이 적었던 적은 없었다. 오늘날 알프스산맥의 빙하는 지난 5,000년을 통틀어 가장 적은 것으로 보인다. 빙하가 녹고 있다는 수많은 증거들이 있지만, 그 가운데에서도 특별한 건 1991년 '시밀라운 빙하'의 재발견이다.

지금으로부터 5,000년도 더 전에 한 남자가 이탈리아 북부의 발 세날레스 계곡 근처 얼어붙은 고원에 올랐다가 불행하게도 목숨을 잃었다. 빙하에 얼어붙은 채 발견된 남자의 미라에는 '외치'라는 이름과 '아이스 맨'이라는 별명이 붙었는데, 키 160센티미터 정도의 성인으로 사망 당시 약 45세였을 것으로 추정된다. 5,000년 전이라는 시대만 보면 매우 고령이라고 할 수 있겠다. 청동기 초기 인류의 평균 수명은 35세 정도로, 대부분 젊은 나이에 죽곤 했기 때문이다.

그의 내장에서 발견된 꽃가루와 나무에서 갓 딴 것처럼 보이는 산단풍나무 잎으로 미루어 목숨을 잃은 때가 초여름이라는 걸 추정할 수 있다. 그런데 외치는 곰 가죽으로 만든 모자를 쓰고 염소와 양 가죽을 덧댄 망토, 그리고 바느질이 잘된 정강이 보호대까지 착용하고 있었다. 한마디로 추위로부터 몸을 보호하기 위한 복장이었다.

과학자들은 임상 조사 결과 외치가 그다지 잘 지내지 못했을 거라는 사

실을 알아냈다. 의사들은 우선 그에게 관절염이 있었고, 몇가지 만성질환을 앓았으며, 죽기 몇 주 전에 스트레스를 받았을 거라고 언급했다.

또 의사들은 위에서 위염과 궤양을 일으킬 수 있는 헬리코박터균을, 장에서는 작은 기생충들을 발견했다. 이들이 소화를 꽤나 방해했을 것이다. 외치의 인생이 그리 순탄하지 않았을 거라고 짐작케 하는 증거는 더 있다. 그의 머리카락은 비소로 가득했다! 이는 외치가 구리 광석을 자주 채취했다는 사실을 알려 준다.

외치의 기름진 '마지막' 저녁 식사

우리의 상상력에 불을 붙이는 분석 결과는 더 있다. 외치는 미식가였다! 외치의 장에 남아 있는 내용물에 관한 최신 연구는, 빙하에서 발견된 남자가 죽기 바로 전에 보리로 만든 빵이나 죽, 야생 염소와 수사슴 고기, 그리고 채소를 먹었다는 사실을 밝혀냈다. 탄수화물, 단백질, 그리고 무엇보다 지방이 풍부한 식사였다!

처음에는 외치가 소화불량으로 죽었을 거라고 여겨지기도 했지만, 상세 조사 결과 왼쪽 어깨에 화살촉이 꽂혀 있다는 사실을 밝혀냈다. 화살이 외치의 몸을 꿰뚫으며 견갑골에 약 2센티미터 크기의 구멍을 내었고, 하필 중요한 동맥이 파열되어 급속한 출혈을 일으켰던 것으로 보인다. 중요한 장기를 다치지 않았음에도 불구하고 치명적인 상처를 입은 셈이다. 거기에 죽기 전 머리 부상까지 당했다.

어떤 상황이었던 걸까? 조사 결과는 외치가 약 100미터 거리에서 쏜 화살을 아래쪽에서 맞았다는 사실만 알려 줄 뿐이다. 오른손에 아주 깊게 베인 상처가 있는 걸로 미루어, 죽기 얼마 전에 싸움을 하면서 자신을 방어했을 거라는 추측도 할 수 있다.

아니, 5,000년 전에 살았던 한 남자의 죽음을 이렇게까지 분석하는 이유가 대체 뭐야?

알프스의 빙하가 녹지 않았다는 증거

외치의 미라가 보여 주는 증거들은 정말 귀중한 분석을 할 수 있게 만들어 주었다! 빙하 속에 잘 보존된 천연 미라는 수많은 정보를 담은 거대한 창고나 다름없다. 미라 연구를 통해 5,000년 전에 살았던 사람들의 습성을 알 수 있을 뿐만 아니라, 그들이 무엇을 먹었으며, 어떤 기후와 환경에서 살았는지 알아낼 수 있기 때문이다!

그럼 외치를 통해 알아낸 당시 기후는 어땠을까? 외치의 미라는 이탈리아와 오스트리아 국경 지대의 빙하 속에서 5,000년 동안 묻혀 있었다. 만약 5,000년이라는 긴 시간 동안 현재보다 더 따뜻한 시기가 있었다면, 외치의 몸은 얼음 위로 드러나 곧 분해되었을 것이다. 당연히 미라는 사라지고 우리 시대까지 전해지지 않았을 확률이 높다.

무려 5,000년 동안
알프스산맥의 빙하는
일 년 내내 녹지 않았던 거네!

반대로 오늘날에는 기후가 너무 따뜻해져서 알프스산맥의 빙하는 대부분 남아 있지 않다. 결국 알프스, 나아가 지구가 5,000년 만에 처음으로 미열 내지 고열에 시달리고 있다는 뜻이다.

부글부글 끓고 있는 산

알프스로만 한정하면 고열이라고 부르는 게 맞다. 사람의 체온이 38.5도인 채로 살아가는 것과 비슷하다! 19세기 말부터 알프스의 평균 기온은 섭씨 약 2도 더 따뜻해졌는데, 이는 지구 평균의 두 배에 달하는 수치이다. 봄과 여름에 기온이 더욱 상승하는데 특히 1980년대부터 심해졌다.

알프스 산맥 주변 지역이 지구 온난화에 예민하게 반응하는 이유는 밝혀지지 않았지만, 유럽 대륙 전체에서 도시화와 산업화가 활발히 진행되었기 때문일 확률이 높다. 아무튼 알프스산맥의 눈에 띄는 변화를 관찰할 수 있다는 건 분명한 사실이다.

게다가 변화가 매우 빠른 속도로 진행되고 있다. 땅은 점점 더 빨리 데워지고 있고, 지표면을 뒤덮었던 눈과 얼음은 줄어들거나 사라졌다. 이탈리아, 나아가 유럽 대륙을 통틀어 분명한 기후 변화들 가운데 하나는 바로 빙하에서 찾아볼 수 있다.

얼마 전 여름만 해도 빙하 위에는 눈이 조금씩 덮여 있었다. 오래된 얼음을 보존하고 겨울이 올 때 새로운 얼음을 만들 준비가 되어 있었다고나 할까? 그러나 오늘날에는 여름이 오면 눈이 완전히 녹아 없어지고 만다. 빙

해발 3,500미터 아래 있는 빙하는 20~30년 내에 사라질 운명에 처해 있어!

하가 별다른 보호막 없이 태양에 완전히 노출되는 셈이다.

덕분에 최근 십여 년간 알프스의 빙하 면적은 절반으로 줄어들었다. 이렇게 계속 줄어든다면, 이번 세기가 끝나기 전에 알프스의 모든 빙하는 완전히 사라지게 될 것이다.

빙하에 의존하는 인류

빙하가 사라지면 인류가 감당하기 어려운 결과들이 나타날 수 있다. 지반이 약해져 산사태가 일어날 것이고, 빙하가 녹으면서 많은 잔해물들이 물속에 흘러들게 될 것이다.

빙하는 수자원은 물론이고 기후 온난화 완충 작용, 많은 종의 동물과 식물의 생명까지 보존해 준다. 알프스산맥의 빙하만 해도, 유럽 대륙의 농업과 산업을 지탱하는 민물 탱크 역할을 하고 있다.

급격한 환경 변화를 멈추기 위한 유일한 방법은 온실 가스 배출, 그러니까 지구의 과열을 멈추는 것이다. 그리고 이 문제를 해결해야 하는 주체는

지구에 열이 난다면,
가장 큰 책임은 인류에게
있다고 할 수 있지.

우리, 즉 세상의 모든 인류이다. 빙하가 녹는 현상은 비단 알프스에 국한된 문제가 아니라, 아시아의 히말라야산맥에서 남아메리카의 안데스산맥까지, 극지방에서 대초원 지대에 이르기까지, 지구라는 행성의 모든 곳에서 빠르게 진행 중이기 때문이다.

한니발의 마지막 자존심, 코끼리 부대

카르타고인!

훌륭하고 신뢰할 수 있는 병사들.

함성 속에서 강력한
적과 맞설 때면,

내 이름을 걸고 로마군을 모조리 물리칠
대담하고 거대한 전사들이 등장하겠지!

내가 알프스만 넘으면,

세상은 나, 한니발 앞에

고개 숙여 절하게 될 것이다!

ㅋㅋㅋ
너무 악명 높아지려나?
가명을 쓸까? ㅋㅋㅋ

한 마리만
남았다고 보고해야
하지 않을까?

음, 지금은 아닌 것 같아.
기다리자······.

태양, 전부 네 잘못이야!

태양 활동이 지구를 더워지게 만드는 걸까?

지구 온난화의 유력한 용의자, 태양

〈오 솔레 미오!(O Sole Mio!)〉

19세기에 작곡되어 전 세계적으로 유명해진 이탈리아 민요의 곡명으로, '오, 나의 태양'이라는 뜻이다. 예나 지금이나, 태양은 아름답게 빛나는 상징으로 그려진다. 그리고 특히 '뜨거운' 존재이기도 하다!

달리 말하면 너무 뜨거워서 끔찍한 존재라고도 할 수 있겠다. 그럼 지구가 뜨거워지는 주범으로 태양을 지목할 수 있지 않을까? 혹시 태양이 지구 온난화를 일으키는 원인은 아닐까?

태양에 의해 지구가 점점 더 뜨거워진다는 가설은 지구 온난화를 부정하

100퍼센트 천연 난방이지만,
온도 조절 버튼은 없지.

는 사람들에 의해 자주 제기되곤 한다. 지구 온난화가 일어나는 원인이 환경을 생각하지 않는 인간의 이기적인 생활습관 때문이 아니라, 태양계의 중심에 있는 별인 태양의 활동 때문이라는 것이다.

태양은 지구에 막대한 에너지를 제공해서 생명이 탄생하고 인류가 번영할 수 있게 만들어 주었다. 그런 태양이 지금 지구의 기후를 변하게 만들어 인류를 위험에 빠뜨리고 있다는 주장이다. 정말 그렇다면, 우리가 생활 방식을 바꾸는 게 별 의미가 없을 수도 있다. 새로운 기후에 적응하는 방법 외에는 아무것도 할 게 없을 테니까.

어휴, 생각할수록
너무 성의 없는 설명 같잖아.

우리의 생활 습관과 행동에서 지구 온난화의 원인을 찾던 것보다는 확실히 더 편한 주장이긴 하다. 지구 온난화에 대한 책임에서 벗어날 수 있으니 말이다. 물론 지구 전체에 걸쳐 기후가 변하고 있고 기온이 상승하고 있다는 건 증거가 너무 명확해서, 이제는 지구 온난화를 부정하는 사람들조차 이를 받아들이고 있다.

그러자 논쟁의 방향이 바뀌었다! 지구 온난화가 진행되는 건 인정하겠는데, '왜 지구 온난화가 일어나는지'로 초점이 옮겨진 것이다. 그러자 사람들은 우선적으로 '더워진다＝태양의 영향이 강해진다'는 공식을 머릿속에 떠올리게 되었다. 그렇지만 태양계의 유일한 별을 고발하기 전에, 정말 태양이 지구 온난화의 원인일지 생각해 보자. 정말 이게 가능할까?

기후학자들조차 얼마 전까지만 해도 의문을 품었었지.

어떤 사람도 태양이 지구의 기후 현상(바람, 비, 해류, 구름 등의 움직임)을 일으키는 대부분의 에너지를 제공한다는 사실을 의심하지 않는다. 오히려 태양이 항상 지구의 기후에 영향을 주고 있으니까, 기후를 쉽게 바꿀 수도 있지 않을까 막연한 추측을 한다.

그렇지만 중요한 건, 태양이 지구의 기후를 변화시킨다는 가설이 과학계에서는 이미 검증 끝에 외면당했다는 점이다!

전 세계 과학자들이 머리를 맞댄 결과, 태양의 다양한 활동이 기온 변동, 나아가 불안정한 기온 변화를 일으킬 수는 있지만 그 범위는 수십 년에 걸쳐 섭씨 0.2도를 넘지 않았다고 확신하게 되었다. 최근 수십 년 동안 우리가 경험한 기후 변화의 폭을 설명하기에는 충분하지 않은 것이다.

하지만 어떤 사람들—소수의 몇몇 과학자들을 포함한—은 여전히 태양이 오늘날의 기후에 영향을 미친다는 가설을 믿고 있다. 그럼 편견 없이 태양과 기후 사이의 관계를 분석해 보면서, 왜 '태양이 범인이다!'는 가설이 버려졌는지 추리해 보자.

태양이 지구의 집사라고?

조금 과장해서 말하자면, 태양은 지구를 돌보는 집사와 다름없다. 태양은 지구에 꼭 필요한 에너지를 전달할 뿐 아니라, 좋든 나쁘든 기후에도 항상 영향을 주고 있다.

앞에서 지구 자전축의 기울기, 공전 궤도의 변화와 같은 수많은 요인들이 기후 변화에 약간씩 영향을 미친다는 사실을 살펴보았다. 그렇지만 이와 같은 요인들이 기후 변화를 일으키려면 아주 긴 시간이 필요하다는 것도 알게 되었다. **인류가 최근 들어 경험하는 몇십 년에 걸친 기온 변화는 그런 요인들이 영향을 미치기에 너무나 짧은 시간이다.**

그래서 사람들은 다른 용의자를 떠올렸다. 단순하게 태양에서 지구로 오는 에너지의 양이 늘어난 걸 수도 있으니까! 그러니까 집사인 태양이 조금 과하게 지구를 돌보게 된 건 아닐까?

꾸준히 관찰한 결과 태양은 매우 다양한 활동을 하는 별이라는 사실이 밝혀졌다. 수백 년에 걸쳐 천천히 변하기도 하지만, 때로는 몇 시간 안에 급격히 변화하기도 한다! 결국 태양은 변덕스러운 집사이기 때문에 최근에 급격한 변화가 있었고, 지금 이 순간에도 예전에 비해 더 많은 에너지가 지구에 도달하여 지구의 기온이 상승하고 있다고 가정할 수 있는 것이다.

태양의 활동에 대해 이야기할 때면 **흑점**이라는 단어가 자주 등장한다. 흑점은 태양 표면에 생기는 현상인데, 가장 낮은(?) 온도일 때는 섭씨 2,000도까지 내려가기 때문에 다른 구역보다 더 어두워 보인다. 그래서 흑점이라는 이름이 붙게 되었다.

1610년, 이탈리아의 과학자 갈릴레오 갈릴레이가 처음으로 태양의 흑점을 발견하는 데 성공했다. 1700년대에 들어서면서 본격적으로 태양의 흑점을 관찰하기 시작했는데, 그 이전 200여 년에 걸쳐 존재한 흑점의 개수도 추정하는 데 성공했다. 그 결과, 상대적으로 온도가 낮은 흑점이 태양 표면에 주기적으로 나타난다는 사실을 밝혀냈다.

    1851년, 독일의 천문학자인 사무엘 하인리히 슈바베가 **태양에 생기는 흑점의 활동이 평균 11년을 주기로 최댓값(극대기)과 최솟값(극소기)으로 변한다는 사실을 발견했다.** 실제로 주기는 완전히 규칙적이지 않아서 10년에서 12년 사이가 될 수 있지만, 설명의 편의를 위해 일단 평균인 11년이라고 해 두자. 태양은 흑점이 많은 극대기에 더 활동적인데, 이때 실제로 주변 공간에 더 많은 에너지를 방출한다.

    슈바베의 발표 이후 몇 년 뒤, 영국의 천문학자 에드워드 월터 몬더는

1645년에서 1715년 사이에 태양의 흑점 활동이 거의 없었다는 사실을 발견했다. 몬더는 슈바베의 11년 주기가 깨졌다는 걸 깨닫게 되었다. **몬더의 극소기**라는 이름이 붙은 이 기간 동안 태양에서 방출되는 에너지량 역시 비교적 적었다. 방출되는 에너지가 적으니 지구도 추운 기간을 맞이하지 않았을까? 이 가설이 맞다면, 태양의 활동과 기후 변화 사이의 관계를 증명하는 중요한 증거가 될 수도 있다!

그럼 태양의 흑점 활동이 줄어드는 극소기가 정말 일어나는 일일까? 인류가 확인할 수 있는 범위 내에서, 역사상 몬더의 극소기와 비슷한 시기는 여섯 번이었다. 첫 번째 극소기는 기원전 1300년경, 고대 이집트 시대에 일어난 것으로 추정된다. 사실 몬더의 극소기는 매우 불규칙적이어서 180년 만에 일어날 수도 있고, 1,000년이 넘도록 일어나지 않을 수도 있다. 태양 활동이 줄어드는 극소기는 한번 발생하면 대략 115년 동안 지속되는데, 평균적으로 약 600년마다 반복된다고 한다.

범인은 태양계 안에 있어!

최근에는 태양의 활동 주기를 알아내기 위해 다양한 프락시 데이터를 이용한다. 대표적인 예가 알프스산맥에서 한니발의 흔적을 찾아 나섰을 때 사용했던, 대기 중 '탄소-14' 또는 '베릴륨-10'의 농도 변화에 관한 조사이다. 물론 프락시 데이터는 참고 자료로 채택될 순 있어도, 태양이 지구 온

대체 태양 흑점의 활동 주기
따위를 어떻게 알아내는 걸까?
옛날 옛적에 일어난 일인데 말이야.

난화의 주범이라는 걸 증명하는 결정적인 증거는 아니다.

그래도 프락시 데이터는 많은 걸 알려 준다. 먼저 태양의 극대기와 극소기가 반복되었다는 사실을 보여 준다. 극소기 동안에는 태양에서 어떤 흑점도 보이지 않은 채 몇 주가 지날 수 있는 반면, 극대기 동안에는 여러 개의 큰 흑점들이 동시에 나타났다는 것도 알 수 있다.

또 태양 활동이 불규칙한 이유가 극대기와 극대기 사이 또는 극소기와 극소기 사이에 흑점의 숫자가 변하기 때문이라는 것도 밝혀냈다. 최근 들어 흑점의 평균적인 숫자가 증가했으며, 흑점이 가장 많았던 때가 1900년대 후반 50년 동안이었다는 사실도 알아냈다.

모든 증거가 점점 태양에게 불리하게 돌아가고 있는 셈이다! 또한 1645년에서 1715년 사이, 흑점이 거의 없던 극소기는 시기적으로 소빙하기와 겹치기도 한다. 이는 오늘날 태양의 흑점이 증가했으므로 기온이 상승한 것이라는 가설을 세울 수 있도록 만들어 준다. 이러다 지구 온난화의 주범은 태양이라는 사실을 선언해야 하는 건 아닐까?

그런데 흑점의 수와 지구의 기온은 정말 밀접한 관련이 있을까? 최신 연구 결과에 따르면, 그다지 큰 관련성은 없다고 한다. 우선 몬더의 극소기 동안 기온 변화가 보통 자연에서 일어나는 것처럼 지구 전체에서 동시에 일어나지 않았다는 사실이 밝혀졌다. 소위 소빙하기는 서로 다른 장소와 시기에 일어난 것이다. 따라서 소빙하기의 경우, 화산 활동의 영향으로 일어난 것이라는 데 힘이 실리고 있다.

태양, 알리바이가 입증되다

현재 지구의 기온 상승은 전에 없던 이례적인 현상이다. 게다가 지구의 98%에 이르는 지역에서 동시에 일어나고 있다.

데이터를 조금 더 상세히 살펴보자. 2007년에 태양 흑점의 극소기가 시작되었고, 흑점의 활동은 매우 미약해졌다. 게다가 2004년에서 2011년 사이에 흑점 없는 날이 무려 821일에 달했다. 이전 세기들의 평균이 486일이었던 데 비하면 상당히 긴 기간이다. 지구를 관리하는 집사가 예외적으로 게으름을 피운 모양이다.

2020년 봄, 천체 물리학계에 따르면 태양 흑점 활동은 마침내 극소기의 절정에 다다랐다. 태양의 활동이 가장 저조할 시기다. 그런데 태양의 흑점과 지구 온난화 사이의 관계를 증명하기 위한 새로운 기록들이 속속 도착했다. 2020년 북극권인 러시아 시베리아 베르호얀스크의 기온은 섭씨 38도까지 올랐다. 관측 이후 기록된 최고 기온이었으며, 시베리아 평균 기온보다 약 10도 높은 수치였다.

같은 해 8월, 미국 캘리포니아 데스밸리(대부분 사막으로 산지에 둘러싸여 있다.)에서는 섭씨 54.4도를 기록했다. 이는 거의 한 세기 동안 땅에서든 공중에서든 한 번도 측정되지 않은 가장 높은 기온이었다. 1913년과 1931년에도 비슷한 기온이 측정된 적이 있지만, 측정에 대한 신뢰도를 감안할 때 아마도 최근 수천 년 사이에 기록된 가장 높은 기온일 것이다.

인류는 점점 더 강렬한 기상 현상을 경험하고 있다. 그렇지만 태양 활동

그래서 '기후 극단화'라는 말을 쓰기도 하지!

이 가장 저조한 흑점의 극소기에 지구의 기온은 최고점을 찍었다는 사실로 미루어, 태양이 지구 온난화에 가장 큰 영향을 미친다고 볼 수는 없을 것 같다. 후하게 쳐주어도 조연 역할 정도가 아닐까?

여기서 잠깐!

지구 기온과 태양의 관계에 대한 논쟁

지구 기온과 태양의 활동을 묶어서 생각하는 건 나름 합리적인 의심이다. 태양은 여태 그래 왔고, 앞으로도 여전히 지구의 거대한 보일러 역할을 할 것이기 때문이다.

지구 기후와 태양의 관계에 대한 과학적 토론은 1990년경에 시작되었다. 덴마크 과학자인 프리스-크리스텐센과 라센이 공동으로 발표한 논문이 시발점이었는데, 덕분에 두 명은 단숨에 과학계에서 명성을 얻는 데 성공했다.

두 사람은 지구의 기온과 태양 활동의 변화가 밀접한 상관관계를 보인다고 주장했다. 제시한 데이터는 놀랍도록 단순했는데, 태양은 지난 두 세기에 걸쳐 북반구의 기온 변화를 일으킨 결정적인 요인으로 지목되었다. 따라서 지구 온난화는 더 이상 인류의 잘못이 아니므로 양심의 가책을 느낄 필요가 없어졌다!

그런데 두 사람의 명성은 오래가지 못했다. 1998년, 같은 덴마크 과학자 두 사람이 프리스-크리스텐센과 라센의 논문에 대해 조목조목 비판한 것이다. 이들은 앞선 두 사람이 연구에 사용한 통계가 태양과 지구의 기온 사이에 인과 관계를 전혀 보여주지 못한다는 점을 지적했다. 더 나아가 북반구의 기온 변화를 분석하면서 지구 온난화의 원인이 바로 온실가스에 있다는 사실을 발견했다!

또한 이들은 프리스-크리스텐센과 라센이 제시한 데이터와 그래프들을 분석한 결과, 여러 잘못뿐 아니라 몇몇 조작된 정황까지 발견했다. 논란이 된 논문은 그

저 실수였을까, 아니면 의도된 조작이었을까? 이후 시도된 태양 활동과 지구 온난화의 연관관계를 밝히기 위한 연구들도 대부분 실패로 끝나고 말았다.

2007년 이후, 새롭게 시도된 연구들은 지난 수십 년 동안 지구의 빠른 기온 상승이 태양의 흑점 때문일 수 없다는 사실을 보여 주었다. 최근 20년 동안 기후에 영향을 줄 수 있는 태양과 관련된 모든 활동이 기온 상승과는 반대 방향을 가리키고 있다는 점이 결정적이었다.

그래도 태양이 지구의 기온을 상승시킨다?

태양계의 유일한 별, 태양에서 흑점 개수가 변하는 현상은 11년 주기를 따른다. 그렇지만 흑점 개수가 변화하는 것만이 태양의 유일한 활동은 아니다! 태양이 벌이는 활동은 다양하다. 지구의 극지에서 생기는 **오로라**, 태양 표면에서 일어나는 **플레어**(수 초에서 수 시간에 걸쳐 수천만 개의 핵폭탄과 맞먹는 에너지가 방출되고 소멸하는 현상), 태양 흑점이 폭발하는 **태양 폭풍** 등의 현상을 찾아볼 수 있다.

그런데 지구 온난화를 부정하는 사람들은 흑점의 활동에 상관없이, 최근 300년 동안 태양의 활동이 증가했다고 주장한다. 특히 1900년대 후반기에 더 증가했는데, 이 때문에 지구의 온도가 올라가고 있다는 것이다.

하지만 나사에서 측정한 데이터에 따르면 지구에 도달하는 태양 에너지는 1950년경에 정점을 이루었는데, 당시 지구의 기온 상승 폭은 그다지 크지 않았다. 반면에 지구의 기온은 1970년대 이후로 훌쩍 치솟았다. 수십 년 동안 태양으로부터 받는 에너지의 양은 대략 비슷하게 유지되고 있었는데 말이다.

태양 활동과 기온 변화는 사람들이 떠드는 거에 비해 큰 관련성은 없어!

여기서 태양의 결백을 지지하는 추리를 하나 해 보자. 만약 태양 에너지가 지구에 도착하는 족족 지구의 온도가 올라간다면, 지구의 모든 대기층에 영향을 미쳐 골고루 온도 상승이 이루어져야 한다. 지구 표면에 가까운 낮은 층이든, 우주와 밀접하게 붙어 있는 높은 층이든 상관없이 말이다.

그런데 실험 데이터는 그렇게 말하지 않는다. 지구의 대기권은 높이에 따라 지표면 가까운 곳에서부터 대류권(지표면에서 약 11킬로미터까지), 성층권(지표면에서 11~50킬로미터 사이), 중간권(지표면에서 50~80킬로미터 사이), 열권(지표면에서 80~1,000킬로미터 사이)으로 구분된다. 온도 측정 결과, 지구 표면에 가까운 대류권에서는 온도가 내려가다 성층권에서 상승하고, 높은 대기권인 중간권에서는 다시 온도가 내려가는 것으로 밝혀졌다.

바로 요점으로 들어가자. 커다란 에너지가 동일하게 도달하는 상황에서 중간권의 온도 감소를 어떻게 설명할 수 있을까?

보통은 열원에 가까우면 더 뜨거워지는데?

태양 에너지는 낮 동안 지표면에 저장되었다가 밤에 다시 방출된다. 즉, 지구의 출입구인 대기층에서 열 교환이 이루어지는 셈이다. 그런데 낮은 대기층과 높은 대기층 사이에 어떤 종류의 가스들이 있어서, 이 가스들이 지구 밖으로 나가는 에너지를 되돌아오게 한다면 어떻게 될까? 게다가 이 역할을 하는 가스의 양이 점점 더 증가하고 있다면?

당연히 지구 밖으로 나가야 할 에너지가 대기권 안에 갇혀 대기권 안쪽은 더 덥게 만들고 바깥쪽은 더욱 춥게 만들 것이다. 그럼 태양 에너지를 나가지 못하게 만드는 이 가스들을 뭐라고 부를까?

우리는 이런 가스를
'온실가스'라고 부르지!

새로운 용의자의 등장

결국 우리는 지구 온난화를 만드는 주범이 태양이 아니라는 증거를 찾았을 뿐 아니라, 무엇이 지구 온난화를 부추기는지에 대한 강력한 단서를 확보하게 되었다. 바로 **온실가스**다! 그리고 지구라는 집에서 무언가 자꾸 꺼내 쓰느라 집이 부실해졌다면, 그건 집사의 잘못이라기보다 집주인 잘못이다. 다시 말해서, 지구 온난화의 범인은 바로 우리다!

지구 온난화가 진행되고 있고, 인류에게 가장 큰 책임이 있다는 건 바꿀 수 없는 진실이다. 인류가 결백하다는 가설은 버리는 편이 낫다. 인류에게 책임이 없다는 가설을 세우고 과학적인 증거들을 찾기 위해 백방으로 노력해 보았지만, 아무 소용이 없었으니까! 이렇게 **냉정한 결론을 내리는 것, 그것이 바로 '과학'이 하는 중요한 역할이기도 하다.**

아무튼 인류는 한 가지 중요한 지식을 얻게 되었다. **우주와 자연은 우리가 생각하는 대로만 작동하지 않는다는 사실!** 중요한 건, 잘못을 알았으면 바로잡고 오류가 일어났으면 오류를 해결하려는 자세이다.

물론 과학이 오류를 해결하기 위해
또 다른 오류를 저지르는
경우도 많긴 해.

　　과학은 오류를 통해 발전한다. 수많은 가설을 조사했는데 우리의 예상
과 완전히 다른 결과가 나왔다면, 적어도 그 방향으로 가지 말아야 한다는
것 정도는 깨달아야 한다. 물론 조사하는 과정에서 우리를 불편하게 만드
는 결과가 나왔다 할지라도 이를 숨기지 않는 자세가 필요하다. **과학자는
언제든 잘못을 인정하고 책임질 준비가 되어 있어야 한다.** 그래야만 오류투성
이 속에서 빛나는 진실을 건져 올릴 수 있는 법이다.

플레어가 일어나는 진짜 이유

이미 인사는 했으니까, 고백할 준비는 되었지?

달

지구

아냐, 아직 아닌 거 같아. 나중에 하면 안 될까?

금성은 7개월하고도 보름이 지나야 여길 지나가. 지금이 아니면 언제 말할 건데? 7개월을 더 기다리고 싶은 거야?

아니, 하지만 금성이······.

!

금성

안녕, 태양!

으악, 플레어다!

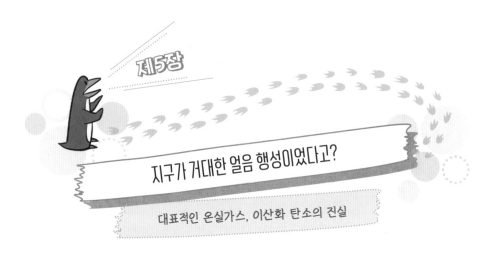

제5장

지구가 거대한 얼음 행성이었다고?

대표적인 온실가스, 이산화 탄소의 진실

우주를 떠다니는 엄청나게 큰 얼음 행성을 떠올려 보자. 평균 섭씨 영하 50도의 엄청나게 큰 얼음 공이다. 해양과 대륙도 전부 얼음으로 덮여 있다. 하늘에는 구름 한 점 없고, 반짝이는 행성 표면에는 어떤 형태의 생명체도 살 수 없다. 아무튼 우리가 살고 싶지 않은 장소라는 건 확실하다.

혹시 태양계에서 퇴출당한 명왕성 이야기냐고? 아니다. 지금으로부터 5억 9,000만 년에서 9억 년(또는 20억 년까지도 늘어날 수 있다.) 전, 대기에 아직 이산화 탄소를 포함한 온실가스의 양이 아주 적었던 지구의 모습이다!

당시 지구를 뒤덮은 치명적인 빙하는 여전히 과학자들 사이에서 논쟁거리가 되고 있다. 예를 들어 얼음이 지구 전체를 덮고도 남을 만큼 넓은 범위였는지, 또 무엇이 빙하의 무서운 확장을 멈춰 세웠는지 등 아직 분명하게 밝혀지지 않은 사실이 꽤 많다.

적도를 뒤덮은 빙하

'얼음 행성' 지구에 대한 현재 가장 유력한 가설은 의외로 지질학자들의 발견에서 시작되었다. 몇몇 부스러진 암석들이 빙하에 의해 운반되어 당시 적도(대략 현대 중앙아메리카 코스타리카의 위치)의 해수면이었던 퇴적물에 박혀 있다는 사실을 알아낸 것이다. 지질학자들이 아니었으면 암석 부스러기들은 영원히 수수께끼로 남게 되었을지도 모른다.

빙하가 적도까지 흘러올 정도였으면, 세계 어디에나 빙하가 있었겠는데?

당시 지구는 빙하로 인해 표면이 온통 하얗게 덮여 있었기 때문에 기온은 더욱 내려갈 수밖에 없었다. 얼음은 태양에서 온 빛을 적게는 55퍼센트,

많게는 80퍼센트까지 반사해 우주 공간으로 되돌려 보낸다. 이렇게 태양에서 오는 빛을 되돌려 보내는 반사율을 **알베도**라고 부른다.

　쉽게 생각하면, 지구 표면에 빙하나 얼음이 많아서 반사도가 높아지면 알베도가 덩달아 높아진다. 바닷물은 12퍼센트 정도를 반사하고 지표면, 그러니까 땅은 10퍼센트에서 40퍼센트를 반사한다. 지표면에서 색깔이 검은 부분은 더 많은 양의 열을 흡수한다. 이렇게 따지면 많게는 80퍼센트까지 반사하는 빙하를 사실상 지구의 에어컨이라 부를 수 있겠다!

　(해당 시기에는 태양의 활동도 지금보다 6퍼센트 더 적었기 때문에, 태양 역시 지구가 얼음 행성이 되는 데 어느 정도 역할을 담당했다고 볼 수 있다.)

고양이가 꼬리를 물고 맴도는 것 같은 상황이 바로 '되먹임' 현상!

이렇게 온도가 낮은데, 온실가스마저도 거의 없다고 생각해 보자. 얼음은 태양빛을 반사해 점점 더 기온이 낮아지게 만들고, 기온이 낮아지면 또 얼음이 얼고, 늘어난 얼음은 기온을 더 낮추고, 그렇게 점점 더 얼어붙는 순환이 반복되었을 것이다. 과학자들은 이렇게 반복적으로 더 큰 효과를 불러일으키는 상황을 **되먹임**(피드백) **현상**이라고 부른다.

되먹임 효과로 인해 당시 지구의 바다는 두께 1킬로미터 이상의 두꺼운 얼음층으로 뒤덮였고, 행성 전체가 얼어붙을 때까지 끝나지 않을 것처럼 보였다.

이산화 탄소의 정체를 밝혀라!

처음에 과학자들은 꽁꽁 얼어붙었던 지구가 어떻게 녹았는지 설명하는데 다소 어려움을 겪었다. 그렇지만 지금은 화산 활동이 엄청난 양의 온실가스를 대기 중으로 배출하면서 문제를 해결한 것으로 추정한다.

당시만 해도 대기 중에 온실가스가 부족했다. 게다가 꽁꽁 얼어붙은 상황을 해결하기 위해서는 지금 우리 대기가 포함하고 있는 이산화 탄소보다 수백 배나 더 많은 양이 필요했다!

얼음의 마법에서 벗어나는 데 짧게는 400만 년, 길게는 3,000만 년이 걸렸다. 기나긴 시간 끝에 얼음은 녹았고, 습기가 증가했으며, 액체가 된 바다가 태양으로부터 더 많은 열을 흡수했다. 드디어 지구는 태양계의 오아

시스가 되었다.

이런 과정을 보면서 누군가는 이산화 탄소를 '축복'이라고 이야기한다.

오늘날 우리는 이산화 탄소 때문에 고생하는데, 이때는 지구를 구한 주인공이었잖아?

이렇게 예전에도 이산화 탄소가 기후에 영향을 미쳤고 지금도 여전히 그렇다면, 주의를 기울일 부분은 당연히 대기 중 이산화 탄소 농도일 것이다.

그런데 한 과학자 모임에서 인류는 지구 온난화에 대한 책임이 없고, 이산화 탄소 역시 큰 문제가 되지 않는다는 주장의 글을 모아 출판했다. (나중에 밝혀진 바에 따르면, 온실가스를 줄이는 정책이 발의되면 피해를 입을 기업과 관계가 있는 과학자, 언론인 등이 포함된 모임으로 알려졌다.)

이들의 주장은 빠른 시간 안에 뉴스거리가 되었다. 이 책의 주요 내용은 이산화 탄소의 장점을 잘 보여 주고 있다.

"이산화 탄소는 오염 물질이 아니라, 지구상에 있는 생명을 위한 필수

요소입니다!"

"이산화 탄소가 많을수록 자연에 더 좋습니다. 이산화 탄소는 식물을 더 푸르게 만들지요. 공기 중에 이산화 탄소가 늘어나면 농작물 수확 역시 늘어난답니다!"

지구를 돕는 이산화 탄소?

대기를 구성하는 기체 중에서 가장 유명한 건 이산화 탄소일 것이다. 이산화 탄소는 또 대표적인 온실가스로도 잘 알려져 있다. 만약 이산화 탄소가 없다면 지구의 기후는 몹시 추워질 것이다! 그런 이유로 우리는 지구의 기후를 적절하게 유지해 주는 이산화 탄소, 그리고 **온실 효과**에 감사해야 할지도 모르겠다. 만약 온실 효과가 없다면, 지구의 평균 기온은 지금과 같은 섭씨 15도가 아니라 섭씨 영하 18도까지 떨어질 테니까.

온실에 들어갈 때 느껴지는 따뜻한 열기를 떠올려 보자. 태양 광선이 온실 유리를 통과해 사물과 표면을 데운 뒤 온실 내부에 갇혀 유지되기 때문에 온실 내부의 온도가 높아지게 된다.

대기에서 일어나는 온실 효과도 마찬가지다. 대기 안에 열을 가두는 원리는 온실과 거의 비슷하다! 지구라는 행성이 온실이고, 대기권이 바로 온실의 유리인 셈이다.

온실 효과가 없으면 아마 아무도 지구에 살고 있지 않을 거야.

온실 효과 외에도 이산화 탄소는 식물의 광합성에 필수적인 기체이다. **물과 빛, 그리고 이산화 탄소는 식물에게 꼭 필요한 기본적인 영양소라고 할** 수 있다. 바꿔 말하면, 이산화 탄소 없이 인간의 생명을 말할 수 없다고도 이야기할 수 있겠다.

요약하자면 이산화 탄소는 인류의 생존에 꼭 필요한 생명의 기체, 또는 필수적인 가스라고 부를 수 있다. 문제는, 우리가 너무 많은 이산화 탄소를 만들어 내고 있다는 점이다!

이산화 탄소의 '복사 강제력'

지구 온난화가 인류의 잘못이라는 사실을 부정하기 위한 이야기들이 발표되고 나면 종종 큰 논쟁이 벌어진다. 그중 하나가 이산화 탄소를 포함한 온실 가스의 효과는 무시해도 좋고, 화석 연료 사용은 지구 온도 상승에 별 영향을 주지 않는다는 주장이다.

그렇지만 기후에 영향을 줄 수 있는 많은 요인 중에서도 이산화 탄소는 주연급, 그것도 단독 주연이라고 할 수 있다. 그리고 불행하게도 이산화 탄소는 다른 요소들보다 더 가파르게 증가하고 있다!

이산화 탄소는 지구의 에너지 균형을 변화시키는데, 이를 조금 어려운 말로 **복사 강제력**이라고 부른다.

'복사 강제력'이 낯설게 느껴지겠지만, 지구 온난화의 주요 개념 중 하나야!

복사 강제력이란, 지구를 더 뜨겁게 또는 더 차갑게 만드는 기후 변화의 어떤 요인이 지구의 에너지 균형에 미치는 영향력을 말한다. 다른 말로는 **기후 강제력**이라고도 부르는데, 복사 강제력을 계산하기 위해서는 항상 태양에서 도착하는 에너지와 지구에서 내보내는 에너지를 함께 고려해 살펴야 한다.

지구의 기후 시스템은 실온 상태의 물이 가득 찬 냄비와 비슷하다. 이렇게 '정상적인', 그러니까 평형을 이룬 상태에서는 감지할 수 없을 정도의 미세한 변화를 제외하면 거의 아무것도 변하지 않는다. 그런데 여기서 냄비 아래 불을 붙여 보자. 냄비와 물로 구성된 냄비 기후 시스템은 곧 온도 상승이 '강제로' 이루어지게 된다. 갑자기 많은 에너지를 받게 된 물이 따뜻해질 테니까.

지구도 마찬가지다. 지구의 기후 시스템도 강제력을 받는다. 대표적으로 온실가스를 방출하는 행위가 있다. 복사 강제력은 인류의 활동이 기후에 어떤 영향을 미치는지 알아보는 '척도'로 이용되기도 한다.

이산화 탄소의 숨겨진 또 다른 능력

이산화 탄소에게는 숨겨진 능력이 한 가지 더 있다. 이산화 탄소 분자는 적외선에서 에너지를 흡수한다! 흡수한 에너지가 이산화 탄소 분자들을 진동시키고, 분자들의 움직임으로 인해서 온도가 더 올라가고……, 분자가 더 많이 진동할수록 열 에너지는 더욱 커지게 된다.

실제로 이산화 탄소는
흔들면서 열을 방출해.
운동하면 체온이 올라가는 사람이랑
비슷하다고 할 수 있겠네.

우리가 격렬하게 운동을 하면 얼굴이 빨개지면서 몸이 뜨거워지게 된다. 하지만 사람이 운동을 한다고 환경에 커다란 영향을 주지는 않는다. 숨을 고르고 체온을 내리기 위해 잠시 쉬면서 물 한잔 마시면 그만이니까.

그런데 이와 달리 이산화 탄소의 능력은 훨씬 더 뛰어나다. 에너지를 흡수하고 재방출하는 탁월한 능력 덕분에, 태양에서부터 온 에너지를 가두어 온실 효과를 일으키는 것이다.

물론 대기 중에 있는 모든 가스 분자들이 적외선에서 에너지를 흡수해 열을 발생시키는 능력을 갖고 있는 건 아니다. 예를 들어 질소(N_2)와 산소(O_2)는 지구 대기의 90퍼센트 이상을 차지하고 있는데, 다행스럽게도 적외선을 흡수하지 않는다. 이와 달리 수증기(H_2O), 메테인(CH_4), 그리고 오존(O_3)과 같은 가스들은 적외선에서 에너지를 흡수할 수 있다.

온실가스가 지구의 기후 변화에 중요한 역할을 맡고 있다는 게 사실이라면, 지구의 기후를 따뜻하게 만드는 걸 넘어설 만큼 과도한 양의 온실가스가 방출된다고 할 수 있겠다.

모두 인류가 일으킨 문제일까?

지구의 긴 역사를 살필 때, 대기 중 이산화 탄소의 농도는 일정하지 않았다. 그렇지만 인류는 항상 300ppm(공기 입자 100만 개당 1개를 나타내는 단위)보다 적은 이산화 탄소 농도에서 진화해 왔다. 실제로 약 20만 년 전 호모 사피엔스가 등장했을 당시 이산화 탄소의 농도는 300ppm 미만이었다.

그렇게 냄비 속에 담긴 실온의 물처럼 조용하던 세상은 **산업 혁명** 이후—즉, 1700년대 말에서 현재까지—석탄과 석유 등 화석 연료를 마구 사용하면서 매년 수조 킬로그램에 이르는 온실가스를 배출하게 되었다.

오늘날 대기 중 이산화 탄소의 농도는 415ppm을 넘어섰다. 마지막으로 대기 중에 이산화 탄소의 양이 훌쩍 상승했던 시기는 300만 년도 더 전의 일이었다. 당시 기온은 산업 혁명 이전에 비해 섭씨 약 2~3도 정도 더 높았고, 해수면은 현재에 비해 15~25미터 더 높았던 것으로 추정된다. 그럼 우리 미래에는 어떤 모습의 기후가 기다리고 있을까?

문제는 인류가 단 몇십 년 만에 대기를 온실가스로 가득 채우며 급속도로 대기의 상태를 바꿔 버리고 말았다는 점이다. 지구가 반응할 시간을 전혀 주지 않고서 말이다! 어쩌면 지구는 내일부터, 아니면 지금 당장 빠르게 반응하기 시작할지도 모른다.

우리가 온실가스 방출을 지금보다 줄이지 않는다면, 300만 년 전으로 돌아가는 걸 막을 수 없을지도 모른다. 또 지구 역시 변화에 반응해서 짧은 기간 안에 극심한 변화—기온이 오르고 해수면은 높아지는—를 일으킬 수도 있다.

아니, 잠깐만!
이산화 탄소는 좋은 일도
많이 한다면서?

중요한 건 '어떤 것이든, 지나치게 과도하면 위험할 수 있다'는 사실이다. 온실가스는 지구의 생명이 쾌적한 기후 속에서 진화하고 생존하도록 만들어 주는 자연의 원리이다.

하지만 지금 우리는 기후를 변하게 만드는 온실가스를 너무 많이 방출하고 있다. 석탄과 석유 등 화석 연료를 사용한다는 건, 땅 밑에 수백만 년 동안 갇혀 있던 탄소 원자를 자유롭게 떠다닐 수 있도록 해방시켜 준다는 뜻이기도 하니까.

지구와 비슷한 행성들에서 이미 이런 일이 일어난 적이 있었다. 그리고 그 끝이 그리 좋지만은 않았다.

기후 변화의 타산지석, 금성

지구와 쌍둥이라고도 종종 불리는 형제 행성인 금성에 대해 알아보자. 금성의 지름은 지구의 지름과 약 600킬로미터 밖에 차이가 나지 않는다. 질량 역시 지구의 81.5퍼센트 정도로 상당히 흡사하고, 태양에서부터의 거리도 태양계에서 지구와 가장 비슷하다. 천문학자들이 금성과 지구는 '태어날 때 분리되었다.'고 말하는 이유가 여기 있다!

그렇지만 금성이 모든 면에서 지구와 같은 건 아니다. 특히 금성의 대기는 지구와 매우 다르다. 질소는 매우 적고, 거의 이산화 탄소로 이루어져 있다. 그래서 금성의 대기는 구름 낀 하늘이라기보다는 마치 짙은 안개처럼 보인다. 지표면에서는 태양을 볼 수 없고, 그 빛만 살짝 엿볼 수 있는 정도이다. 또 금성 대기의 질량은 지구 대기의 90배 이상이라서 행성 표면에 주는 압력도 그만큼 강하다. 마치 지구의 바닷속 약 1,000미터 깊이에서 받는 것과 비슷한 압력인데, 우리 몸을 빈 깡통처럼 찌그러뜨릴 수 있을 정도이다.

게다가 금성의 대기가 만드는 빽빽한 안개는 태양계 중에서 가장 강력한 온실효과를 일으킨다. 덕분에 금성의 표면 온도는 섭씨 460도까지 올라간다. 태양과의 거리가 두 배나 더 가까워서 홀랑 타 버린 돌처럼 보이는 수성보다 더 높은 표면 온도를 자랑한다.

게다가 매우 강한 바람이 불어서 극지방이든 적도든 밤낮으로 거의 비슷한 온도가 유지된다! 만약 약간이라도 상쾌함을 느끼고 싶다면 산으로 가야 한다. 높이가 11킬로미터에 이르는 맥스웰산은 금성에서는 매우 쾌적한 온도인 섭씨 약 380도를 자랑한다. 그렇다고 높은 데로만 기어오르는 건 위험할 수 있다. 섭씨 830도의 마그마가 부글거리는 활화산을 만날 수도 있으니까.

금성에는 눈이 전혀 내리지 않는데, 이는 물이 없기 때문이다. 실제로 눈이 내릴 수는 있다. 그렇지만 아마도 물이 아닌 금속 눈, 특히 텔루륨(Te)으로 된 눈이 올 확률이 높다. 또 번개와 비를 동반한 폭풍우가 치기도 한다. 물이 없다면서 무슨 비냐고? 물로 된 비가 아니라 황산으로 된 비가 내린다. 맞는 사람 입장에서는 매우 불쾌할 것이다.

아무튼 한마디로 금성의 날씨는 생명체에게 그다지 좋은 편이 아니다. 그리고 항상 같은 날씨! 어떤 특징이 있는 계절조차 없다. 그래서 천문학자들이 종종 금성을 지옥으로 묘사하기도 한다.

금성도 예전에는 지금과 같은 상태가 아니었을 수도 있다. 과거에는 지표면에 물이 풍부해서, 대기도 지구와 비슷했을 것으로 추정된다. 하지만 시간이 지나면서 태양 활동이 활발해져 수분 증발이 늘어났다. 여기에 강력한 화산 활동이 대기 중에 가스 구름을 뿌렸고, 바다가 완전히 증발하면서 지표면의 온도가 생명체는 살 수 없을 정도로 뜨거워져 버렸다!

증발해서 대기를 구성하게 된 수증기는 곧 수소와 산소로 나뉘게 되었는데, 수소

는 우주로 흩어진 반면 산소는 탄소와 결합해 이산화 탄소가 되어 현재 금성 대기의 대부분을 이루게 되었다. 금성을 최악의 휴가지로 만든 범인은 바로 '대기'였던 셈이다!

모두 지구가 금성처럼 되지 않기를 바라겠지만, 미래에는 무슨 일이 일어날지 아무도 모른다고!

　지구는 매우 크지만, 인류는 좁은 공간에 따닥따닥 붙어 살고 있다. 지구 상에서 쾌적한 기후를 자랑하는 몇 안 되는 지역에 모여 살기 때문이다. 기후가 척박한 곳에서는 삶이 더욱 고단해지기 마련이다. 어쩌면 지금 많은 사람들이 모여 사는 지역을 **기후 피난소**라고 부를 수도 있겠다.

　하지만 앞으로 올 50년 이내에 30억 명의 인류가 기후 피난처 밖으로 밀려날 위기에 처해 있다. 매우 덥거나 매우 추운 극단적인 기후에서 어려움에 맞닥뜨리게 될 사람들은 **기후 난민**이 되어 이주를 선택해야할 수도 있다. 그것도 이주가 가능하다면 말이다!

오늘날 사하라 사막의 기온과 맞먹는, 아무도 살지 않는 연 평균 섭씨 29도 이상인 지역은 지구 지표면의 약 0.8퍼센트에 불과하다. 하지만 앞으로 수많은 사람들이 이런 더위 속에서 살아가야 할지도 모른다. 지표면에서 발생하는 열은 사람들의 건강에도 치명적이다!

지구 온난화는 인류를 포함한 지구의 생태계를 뒤집어 놓게 될 것이다. 불확실한 경제 성장은 말할 것도 없고, 식량 부족과 물 부족에 이르기까지 수많은 문제가 발생할 확률이 높다. 소수의 지역에서는 기후 조건이 나아질 수 있는 반면에, 많은 지역에서는 극도로 어려운 상황을 마주하게 될 것이다.

드디어 서둘러 답을 해야 할 물음이 등장했다!

'우리는 미래에 어디에서 살 수 있을까?'

기후 난민, 새로운 행성으로 이주하다!

지구에서 3,8200,000km 떨어진 금성

제6장

우리는 미래에 어디에서 살게 될까?

하나뿐인 지구를 소중히 여겨야 하는 이유

우리 집이 불타고 있어요!

얼마 전 노란 옷을 입은 병아리 이야기를 다룬 책이 출간되었다. 책의 주인공인 노란 옷을 입은 병아리의 이름은……, 바로 '그레타 툰베리'였다!

그레타 툰베리는 지구 온난화를 '우리 집이 불타고 있다'고 표현했다. 적절한 비유이다. 지구에 열이 난다는 건 바꿀 수 없는 사실이고, 우리는 이 사태에 책임을 져야 한다. 그리고 기후 변화를 막기―막을 수 없다면 최소한 늦추기라도― 위해서는 가장 먼저 우리 습관을 바꾸어야 한다!

세계의 양심이
이제야 깨어나고 있어!

특히 미래의 도전에 직면한 새로운 세대에게 '환경'은 더욱 예민한 문제이다. 2015년, 한 학생 모임에서 전 세계 학생들에게 11월 30일에는 학교에 나가지 말자고 제안했다. 수업을 듣기 싫어서였냐고?

이들의 제안은 같은 날 프랑스 파리에서 **기후 변화에 관한 국제 연합 기본 협약**을 바탕으로 한 기후 회의가 열릴 예정이었기 때문이다. 이때 시작한 등교 거부 운동을 **기후 파업**이라고 부르기도 한다. 기후 파업은 100개가 넘는 나라에서 5만 명 이상의 학생들이 참여했다.

파업에 참여한 사람들의 요구는 세 가지였다. 화석 연료가 아닌 청정에너지 사용 100퍼센트를 목표로 세우기, 재생 가능한 자원을 재활용하기,

그리고 기후 변화로 이주해야만 하는 기후 난민 돕기.

2018년 8월, 스웨덴에서 비정상적인 폭염이 발생한 후 그레타 툰베리라는 학생이 스웨덴 국회의사당 앞에서 매일 '기후를 위한 학교 파업'이라고 적힌 피켓을 들고 시위에 나섰다. 그해 9월에 그레타는 매주 금요일마다 기후 파업을 열기로 선언했다!

그렇게 **미래를 위한 금요일**이라는 기후 운동이 탄생했고, 이 운동은 최근 125개가 넘는 나라에서 수백만 명의 사람들이 참여하는 국제적인 운동으로 확대되었다.

행성 B는 없다

그레타 툰베리의 시위나 연설 장면을 한 번쯤 본 적 있을 것이다. 그레타의 주장은 일리가 있다. 지구가 불탄다면 우리에게 두 번째 기회는 없을 것이다. 달리 갈 장소가 없으니까.

우주여행이 대중화된다는 기대감에 우주로 눈을 돌리면 어떨까, 생각하는 사람이 있을지도 모르겠다. 그럼 정말 몇십 년, 아니 백 년 후에 우리가 이주할 수 있는 다른 장소는 없을지 분석해 보자!

우선 태양계는 암석 덩어리 4개, 커다란 가스 덩어리 4개, 왜행성 5개 이상, 적어도 210개의 위성, 자잘한 소행성, 그리고 작은 몸체로 이루어진 혜성으로 구성되어 있다.

혜성은 과거에 '더러운 눈으로 만들어진 공'이라는 의미를 지니고 있었다. 꼭 그렇진 않지만 꽤나 근사치에 가까운 정의라고 할 수 있다. 아무튼 물을 갖고 있다는 점에서 좋은 선택지이지만 대기가 없다는 게 문제다. 게다가 혜성의 중력은 너무 작아서 우리가 살짝만 뛰어도 우주로 날아가 버릴 것이다. 매일 살얼음 걷듯 조심해서 걸어야 한다는 뜻이다. 참, 문제는 또 있다. 혜성은 작은 건 지름이 100미터, 커도 최대 30킬로미터 정도라서 몇 사람만을 위한 아주 고즈넉한 이주지가 될 확률이 크다.

대기가 거의 없거나 아예 없다는 점, 그리고 크기가 너무 작거나 중력이 너무 약한 대부분의 혜성과 소행성들도 같은 이유로 포기하는 편이 낫다. 비록 대기를 갖고 있지만 중력이 지구에 비해 족히 12배나 약한 명왕성과 에리스 같은 왜행성도 마찬가지다.

그럼 무엇이 남았을까? 가스 행성과 암석 행성, 그리고 위성 중 커다란 것 몇 개뿐이다. 만약 가스 행성에서 살 수 있는 방법이 있을지라도, 사는 모습은 뻔하다. '어렵게' 살게 될 것이다!

그나저나 가스 행성에서
살 수는 있는 거야?

목성, 토성, 천왕성, 그리고 해왕성 같은 아주 큰 가스형 행성들의 중심에 고체 핵이 있을지 없을지 우리는 아직 정확히 알지 못한다. 그러니까 발을 디딜 수 있는지 없는지 모르는 셈이다. 가스형 행성들도 처음에는 핵이 있었을 수도 있다. 아니면 아예 처음부터 없었을 수도 있고.

그래도 긍정적으로 생각해서 가스형 행성에 발을 디딜 고체 핵이 있다고 가정하자. 누군가 그 위에 발을 얹는다면……, 무시무시한 대기압으로 인해 순식간에 찌그러진 깡통처럼 오그라들 것이다. 가스형 행성들과 비교하면 금성이 멋진 휴양지로 보일 지경이다.

작아도 문제, 커도 문제! 중력을 과소평가하지 말라고.

지구 세 개 정도는 삼킬 수 있는 크기의 폭풍에 견뎌야 하는 건 말할 것도 없다. '대적점'이라고도 불리는 목성의 큰 반점은 시속 430킬로미터에 이르는 바람을 동반한 폭풍인데, 수세기 동안 계속되어 왔고 지금도 진행 중이다. 토성에서는 30년마다 거대한 폭풍이 북반구를 휩쓴다.

가장 기분 좋은 미풍은 해왕성에서 부는데, 시속 2,100킬로미터에 이르는 살짝(?) 강한 바람을 고려하면 우리 집으로 해왕성을 선택하는 건 좋은 결정이라고 할 수 없다. 천왕성도 마찬가지. 천왕성의 극단적인 계절은 수십 년 동안 이어지기 때문에, 천왕성에는 희망을 품지 않는 게 좋다.

수성보다 큰 위성이 있다고?

차라리 거대한 가스 행성들의 일부 위성들에 관심을 갖는 게 나을 수도 있다. 목성에는 79개의 위성이 있는데, 이들 가운데 유로파, 가니메데, 그리고 칼리스토 세 개의 위성은 오래전부터 과학자들의 이목을 끌어 왔다. 태양계에서 가장 큰 위성인 가니메데는 심지어 수성보다도 크다!

이들 위성은 갈릴레오가 자신이 발명한 망원경으로 찾아냈는데, 오늘날 우리는 갈릴레오가 몰랐던 사실도 알아낼 수 있었다. 이 위성들을 덮은 얼음 층 한 겹 아래 물바다가 있다는 것! 물이 있다면 생명이 존재할 가능성도 높다. 다만 얼음층이 상당히 두꺼워서 어떤 데는 10킬로미터 정도지만 200킬로미터가 넘는 곳도 있다.

토성의 위성인 타이탄도 주목할 만하다. 타이탄 역시 수성보다 더 큰데, 질소로만 이루어진 대기층이 형성되어 있다. 우리 입장에서는 산소가 부족한 게 흠이지만, 모든 것을 바랄 수는 없는 처지니까 만족하도록 하자. 게다가 타이탄에는 메탄으로 이루어진 멋진 바다와 호수도 존재한다.

타이탄이 제일 구미가 당기는군!

우리가 이미 금성은 포기했지만, 다른 암석형 행성들이 있다는 사실도 잊지 말자. 물론 지구와 닮은 암석형 행성이라고 해도 그다지 좋은 선택지라고 볼 수는 없다.

수성은 아주 작다. 목성의 위성인 가니메데나 토성의 위성인 타이탄보다도 작다. 크기가 작은 수성은 중력도 작아서 대기층이 형성될 수 없다. 게다가 태양이 너무 가까이 있다! 행성을 보호해 줄 대기층이 없는 수성은 결국 태양의 영향으로 홀랑 타 버린 돌이 되고 말았다. 수성의 평균 온도는 섭씨 170도, 최고 온도는 섭씨 450도가 넘는다.

솔직히 거주 가능성이 아예 없진 않다. 수성의 표면에서 시원한 그늘이 드리워져 얼음까지 저장할 수 있는 깊은 분화구(혹은 크레이터)들이 간혹 발견된다. 수많은 운석이 충돌하면서 생긴 구멍들인데, 달리 말하면 운석으로부터 보호받을 수 있는 장치가 아무것도 없다는 뜻이기도 하다.

그럼 화성은 어떨까?

드디어 SF 소설과 영화의 단골손님, 화성이 등장할 차례다! 화성은 과학자들이 가장 많이 연구하는 행성이다. 그리고 수십 년 전부터 지금까지, 공공연하게 인류의 미래 정착지로 불린다. 한낱 공상이 아니라 과학적으로도 진지한 접근이다! 2020년에만 미국, 중국, 아랍 에미리트 세 나라가 화성에 탐사선을 보냈고, 이후 유럽 연합에서도 탐사선을 보낼 예정이다.

화성은 지구를 대체할 인류의 정착지이면서, 나아가 우주 깊은 곳으로의 도약을 위한 발판으로 여겨진다.

화성에서의 미래는 어떤 모습일까?

우주여행의 첫걸음을 뗀 인류는 태양계 행성, 그중에서도 화성에 생명체가 살 수 있도록 만들려는 계획을 세우고 끊임없이 시도하고 있다. 하지만 아직까지 만족할 만한 결과에 도달하지 못했다.

처음 계획은 단순했다. 생존 가능성을 높이기 위해 고도로 훈련된 소수 인원이 직접 행성을 탐험하고 구조물을 건설한 뒤, 점차 주민의 숫자를 늘려가는 것이었다. 그렇게 몇십 년 동안, 화성에서 직접 출산까지 할 수 있도록 만들려는 계획이었다.

이와 다른 계획도 있다. 아마도 수세기, 아니면 수십만 년이라는 긴 시간이 필요할 수도 있는 **테라포밍**이다. 테라포밍이란, 한 행성을 골라 사람이 살 수 있도록 전면 개조하는 걸 말한다. 다시 말해서, 화성의 붉은 땅을 우주복을 입지 않고서 돌아다닐 수 있도록 만들겠다는 계획이다.

실제로 화성의 대기에 엄청난 양의 산소를 공급해서 지구의 대기와 비슷하게 만들겠다는 이야기가 진지하게 논의된 적이 있다. 몇몇 자산가들이 화성의 기후를 바꾸는 프로젝트에 큰 관심을 보였는데, 핵폭탄을 화성에 터트려 급속도로 기후 변화를 이끌어 내는 극단적인 방법을 제시해 물의를 빚기도 했다.

하지만 현실적으로는 불가능에 가깝다. 우주 비행사가 되기 위해 혹독한 훈련을 받는 것도 위험한데, 화성까지 긴 여정을 다녀오겠다고? 미지의 공간인 우주에서 일어날 수 있는 갖가지 변수는 제외하고서라도, 인체에 영향을 미치는 무중력 상태와 방사선을 포함한 우주 광선 등 우주에서 긴 시간을 보내는 데 따르는 피해는 매우 큰 편이다.

그래서 현재 우주 비행사들도 채 일 년이 되지 않는 기간 동안만 우주 공

간에 체류한다. 6개월에서 1년 동안 여행한 끝에 화성에 도착해 잠시 지내다가, 다시 그 시간이 걸려 지구로 돌아오는 건 아직 불가능하다는 뜻이다. 게다가 인류가 육체적·심리적으로 우주여행이 가능하다고 판단하더라도, 실제로 화성 여행을 실행할 기술이 아직은 부족하다.

물론 화성이 매력적인 행성인 건 분명하다. 태양계에서 지구를 제외하면, 화성의 환경이 가장 좋은 조건을 갖추고 있기 때문이다. 열기구를 탄 사람이 올라갈 수 있는 가장 높은 고도가 약 35킬로미터 정도인데, 그곳의 대기압이 화성과 비슷하다. 화성의 평균 기온은 남극과 크게 다르지 않고 (화성이 조금 더 춥기는 하지만), 풍경 역시 몇몇 사막을 연상시킬 정도로 익숙하다. 결정적으로 화성의 극지방에는 얼음이 있다!

결국 쉽게 돌아다니지 못하는 폐쇄된 공간에서 우주복에 의존해야 한다는 조건만 일단 받아들이고 나면, 많은 사람들이 화성 거주에 대해 긍정적일지도 모르겠다.

그런데 문제는 다른 데 있다. 우리는 화성의 중력이 지구 중력의 약 3분의 1 정도라는 사실을 자꾸 까먹는다. 현재 우리의 의학 지식으로는 줄어든 중력이 인체에 어떤 문제를 일으킬지 정확히 예측할 수 없다.

게다가 화성에는 지구에서처럼 우주 광선을 막아 주는 자기장이 전혀 없다. 즉 화성에서 3일 동안 산다는 건, 지구에서 1년 동안 흡수하는 방사능과 동일한 양의 방사능에 노출된다는 뜻이다.

뭐, 좋다. 이 모든 건 자그마한 문제니 무시하고 화성 이주 계획을 강행한다손 치더라도, 사람들이 소규모로 오랫동안 함께 산다는 건 심리적으로 결코 쉽지 않은 일이다. 일례로, 2018년 남극 기지(수행하는 임무가 우주 공간과 가장 비슷한)에서 한 러시아 과학자가 자신이 읽고 있는 추리 소설의 결말을 미리 말했다는 이유로 동료를 칼로 찌르는 사건이 발생했다. 다소 극단적이긴 하지만, 고립되고 폐쇄적인 화성에서 임무를 수행할 때 심리적인 문제가 얼마나 중요한지 알게 해 주는 실제 사례라고 할 수 있겠다.

그보다 더 복잡한 문제가 있다. 미국 매사추세츠 공과 대학의 연구진은 화성 정착지의 주민들이 최대 68일 동안 생존할 수 있으며, 그 이후에는 충분한 산소를 확보하지 못할 거라고 판단한다. 또 모든 구성원이 건강하려면 각각 하루에 약 3,000칼로리를 소비해야 한다는 계산이 나오는데, 이는

절대 용서할 수 없는 단 하나, 스포일러!

곧 수백 평방미터에 달하는 땅에서 농작물을 생산해야 한다는 뜻이다. 지구에서 식량을 보낼 수는 있겠지만, 화성으로 향하는 우주 택배는 지구와 화성이 가장 가까워지는 때에 맞춰 26개월마다 출발해야 한다. 그나마 마실 물은 극지방의 얼음을 녹여서 사용할 수 있으니 다행이랄까?

또 수성이든 화성이든 어느 행성에 정착하려면, 가장 중요한 건 바로 '에너지'이다. 에너지를 얻을 수 있는 동력원 또는 장소가 있어야 한다! 영화

근데 진짜 문제는
그게 아니라고!

를 보면 이럴 때 태양광 발전이 등장한다. 하지만 태양광 발전은 끝이 없을 정도로 광활한 면적이 필요한 데다, 소규모 인원이 태양광 발전에 필요한 수천 개의 패널과 수천 킬로미터 길이의 케이블을 화성까지 운송해서 설치하기는 불가능에 가깝다.

그럼 원자로를 설치하는 건 어떨까? 현재 원자력 잠수함에 사용하는 원자로는 대략 공중전화 박스 크기만 하다. 그러나 원자력 잠수함의 원자로는 바닷물로 식힐 수 있지만, 불행하게도 화성에는 바다가 없다. 그렇다고 화성 극지방의 얼음을 원자로 식히는 데 사용하기엔 부담이 크다.

결론적으로 수많은 과학자와 정치인, 자산가들이 핵폭탄을 이용하자는 말까지 꺼냈음에도 불구하고, 화성에 발을 딛고 살아갈 날은 여전히 머나먼 미래의 일이다.

아, 암석형 행성들이 거느리고 있는 위성도 있긴 하다. 사실 암석형 행성의 위성은 고작 세 개밖에 되지 않는다. 지구의 위성인 달과 화성의 두 위성인 포보스와 데이모스가 전부다.

포보스와 데이모스는 한 푼 투자가 아까울 법한 '그냥' 돌이다. 지구의 영원한 동반자인 달은 가깝다는 것만 빼면 편리함이라곤 눈곱만큼도 없다. 태양이 비추는 곳은 섭씨 130도, 그늘에서는 섭씨 영하 190도로 온도 차이가 무려 300도 가까이 나는데, 약 13일하고도 반나절 동안 눈부신 낮이고 그만큼 어두운 밤이 반복 — 달은 공전 주기와 자전 주기가 27.3일로 동일하기 때문에 — 된다. 또 대기가 전혀 없기 때문에 항상 운석 충돌의 위험성이 도사리고 있다! 결정적으로 달에는 자기장이 없어서, 방사능 괴물인 헐크조차도 과도한 방사능을 견딜 수 없을 것이다.

그럼 태양계 밖으로 나가 보는 건 어떨까?

인류는 태양계를 벗어난 곳에 있는 외계 행성, 다시 말해서 다른 별 주위를 도는 행성도 이미 4,000개 이상 발견했다. 너무 많은 거 아니냐고? 하지만 과학자들은 우리 은하에만 수천억 개의 행성이 있다고 추정한다.

우주에 떠다니는 집을 찾아서

문제는 외계 행성 대부분이 좋은 대안은 아니라는 점이다. 많은 행성들이 생명체가 발붙이기 힘든 거대한 가스형 행성이다. 어떤 행성들은 엄청난 양의 엑스선과 감마선(방사선의 한 종류로, 장시간 노출될 경우 생명체의 건강에 좋지 않은 영향을 주는 것으로 알려져 있다.)을 내뿜는 별 주위를 돈다. 또 어떤 행성들은 지구 주위를 도는 달처럼, 항상 같은 쪽 면만 별에 노출시킨다. 이로 인해 행성의 절반은 과열되고 다른 절반은 얼어붙게 된다.

마지막으로 거주 가능 범위에 대한 문제가 해결되어야 한다. 이는 행성과 별 사이의 거리와 관련이 있다. 생명체에게는 액체 상태의 물이 무엇보다 중요하다. 천문학자들은 생명을 발견할 가능성이 가장 높은 곳을 찾기 위해서, 우주에서 액체 상태의 물을 탐색하기로 결정했다.

그런데 액체 상태의 물이 존재하기 위해서는 행성이 자신의 별에서 너무 가깝지도—너무 가까우면 금성처럼 물이 증발할 것이므로—않고, 너무 멀지도—너무 멀면 목성의 위성처럼 물이 얼어붙을 것이므로—않아야 한

그러니까 액체 상태의 물은
적당한 범위에서만
존재한다는 거지?

다. 그러므로 별에서 적당한 거리에 있는 행성을 선별하는 일이 무엇보다 중요한 작업이다!

물론 목성의 위성들이 거주 가능 범위 밖에 있는 건 맞다. 하지만 과학자들이 외계 행성을 탐색할 때는 주로 확률을 따진다. 즉, 발견된 행성의 총수를 훑어보며 알맞지 않다고 생각되는 행성의 비율만큼 추려 내는 것이다. 최신 연구 결과에 따르면, 우리 은하계에는 지구와 비슷한 약 60억 개가량의 거주 가능한 행성이 있다고 한다.

그중에서 태양계와 가장 가까운 후보 행성은 알파 센타우리에 있다. 좋은 소식은 지구에서 단 4광년 거리만큼만 떨어져 있다는 점이다. 1광년은 몇 센티미터의 오차를 감안해서 약 9조 5,000억 킬로미터이다.

나쁜 소식은 인류가 개발한 가장 빠른 탐사용 로켓이 1초에 약 70킬로미터 — 비교 대상이 너무 거대해서 그렇지, 느린 속도는 절대 아니다! — 를 날아갈 수 있다고 하더라도, 알파 센타우리에 도착하려면 1만 8,000년 이상 걸릴 것이라는 점이다.

여기서 이야기하고자 하는 바는, 지구는 외계 행성으로부터 너무 멀리 떨어져 있다는 점이다. 우리가 아무리 외계 행성을 좋아하더라도 현대 과학의 힘으로는 갈 수 없다는 사실을 인정해야 한다.

맞다, 우리는 갈 곳이 없다. 그럼 어떻게 해야 할까? **수많은 과학자들이 인정하듯, 멋진 지구를 지켜야 한다!**

우리의 지구를 지켜라!

지구는 눈부시게 아름답지만, 반면에 파괴되기 쉬운 행성이다. 저 멀리 우주에서 누군가 지구를 관찰하고 있다면 지구가 얼마나 작고 연약한 행성인지 잘 알고 있을 것이다.

바람은 지구의 숨결이고, 물은 지구의 피라는 말이 있다. 지구를 감싼 대기층은 비록 얇은 망사 같이 힘이 없어 보이지만, 지구와 지구에 사는 생명체를 보호한다. 대기층이 오렌지 껍질과 비슷한 두께라고 했을 때, 지구 표면에서 가장 가까운 대류층은 사과 껍질 두께와 흡사할 정도로 얇다.

그렇지만 뭐니 뭐니 해도 가장 약한 건 생명체라고 할 수 있다! 가스형 행성, 암석형 행성, 위성, 그리고 다소 멀리 떨어져 있는 혜성 등이 얼마나 생명체가 살기 힘들고 치명적인지 앞서 이야기했다. 그만큼 지구가 인류를 포함한 생명체에게 얼마나 알맞은 행성인지는 따로 언급할 필요가 없을 것이다.

그런데 문제가 점점 커지고 있다! 인류의 생활 수준이 발전하면서 반대로 인류의 생활 무대는 점점 더 작은 면적에 집중되고 있다. 인류의 문명은 항상 연평균 기온이 섭씨 11도에서 15도 사이인 지역에 집중되어 발전했다. 이를 다른 말로 '기후 피난처'라고 부른다. 동물이든 식물이든 모든 종은 선호하는 피난처가 있는데, 인류도 예외가 아닌 셈이다.

불행하게도 지구 온난화로 인해 현재 인구 밀도가 높은 지역 중 몇몇 군데는 사람이 살기에 너무 더운 지역이 될 수도 있다. 그리고 50여 년 안에 세계 인구의 3분의 1이 수천 년 동안 인류가 문명을 가꾸어 왔던 기후 조건 밖에서 살아야 할 처지에 놓일 것이다.

우리의 피난처를
지키자는 말씀!

우리는 즉시 온실가스 발산을 감소시키고 지구 온난화를 완화시킬 수 있는 조치를 취해야 한다. 지구를 지키고 지구에서 살아남는 게 쉽지 않을 수도 있지만, 앞서 주구장창 떠들어 댄 것처럼 생명체가 지구를 벗어나서 생존하기란 더더욱 힘든 일이기 때문이다.

창백한 푸른 점이 인류에게 던진 메시지

수십억 개에 달하는 외계 행성들 속에서는 지구가 특별해 보이지 않을 수도 있다. 반면에 생명체의 입장에서는 지구가 차갑고 혹독한 우주 한가운데 존재하는 유일한 오아시스와 마찬가지다.

인류는 아직 지구와 같은 행성을 만들 능력이 없고— 앞으로 생길지도 알 수 없다. ─ 이는 지구가 특별하진 않더라도 소중한 곳으로 여기게 만들어 준다! 과학자들이 연구를 통해 달, 다른 행성들, 별들, 그리고 깊은 우주 공간까지 나아가지만, 항상 새로운 시선으로 지구를 바라보며 되돌아오게 되는 이유이기도 하다.

1977년 9월 5일, 미국 항공 우주국은 역사상 가장 유명한 탐사선을 우주로 보냈다. 바로 보이저 1호이다. 보이저 1호는 인간이 만든 물건 중 현재 지구에서 가장 먼 220억 킬로미터 이상 떨어진 곳을 지났고, 지금도 여전히 1초에 약 17킬로미터의 속도로 멀어지고 있다. 앞으로도 신기록은 계속해서 경신될 예정이다. 물론 보이저 1호가 만들어진 시기를 고려했을 때, 어느 순간 배터리가 방전되어 데이터 전송이 멈추는 순간이 와도 이상한 일이 아닐 것이다.

지난 1990년에 보이저 1호는 지구로부터 약 60억 킬로미터 떨어진 곳을 지나고 있었다. 그때 가장 영향력 있는 천문학자이자 미국 항공 우주국의 자문위원 중 한 명인 칼 세이건 박사는 보이저 1호의 카메라를 지구 쪽으로 향하게 돌려서 태양계 경계로부터 지구 사진을 한 장 찍어 보자고 관련자들을 설득했다.

우여곡절 끝에 찍은 사진은 사람들의 입을 쩍 벌리게 만들었다. 처음 사진을 보면 까만 배경에 카메라 위로 반사된 태양빛 때문에 생긴 갈색과 파르스름한 색을 띤 띠들이 보인다. 그러나 조금 더 들여다보면 갈색 빛의 띠 중간에 조금 더 밝은 '청색 점'을 찾을 수 있다. 사진을 구성하는 64만여 개

점들 중 단 하나일 뿐이지만, 모든 것들 중에서 가장 중요한 점이다. 훗날 그 점은 '창백한 푸른 점(Pale Blue Dot)'이라고 불리게 되는데, 역사상 가장 아름다운 단체 사진이라고 할 수 있겠다. 그 점 위에 있는 사람들이 바로 '우리'니까.

지구
(창백한 푸른 점)

인류의 단체 사진, 1990년

사진을 찍어 보자고 우겼던(?) 칼 세이건 역시 사진을 보고 감탄해서 다음과 같은 글을 남겼다.

우리의 거만함, 스스로 중요한 존재라고 생각하는 지나친 믿음, 우주에서 우월한 위치에 있다는 망상은 이 창백하게 빛나는 점으로부터 도전을 받게 되었습니다. 우리 행성은 우주의 어둠으로 둘러싸인 외로운 티끌 하나에 불과합니다. 더구나 광막한 우주 공간 속에서 우리를 도와줄 외부의 손길이 뻗어 올 징조는 전혀 없습니다.

지구는 지금까지 생명체를 품을 수 있다고 알려진 유일한 천체입니다. 인류가 이주할 수 있는, 적어도 가까운 장래에 터전으로 삼을 수 있는 장소는 없습니다. 방문은 가능하지만, 아직 정착은 불가능합니다. 좋든 싫든 현재로서는 지구만이 우리의 터전인 것입니다.

천문학은 겸손의 학문이라고 알려져 있습니다. 아마 우리의 작디작은 천체를 멀리서 찍은 이 사진만큼 인류의 자만심과 그 어리석음을 잘 보여 주는 건 없을 것입니다. 나는 이 사진이 우리가 우리의 유일한 고향인 '창백한 푸른 점'을 더 친절히 대하고 소중히 보호해야 할 책임감을 강조하고 있다고 생각합니다.

칼 세이건은 지구를 보존하자고 이야기하고 있다. '창백한 푸른 점을 보존하고 보호하라, 특히 우리 자신으로부터!'라고 말이다. 우리를 받아 줄 수 있는 건 창백한 푸른 점이 유일하다.

우리에게 플랜 B는 없다. 단지 플랜 A, 지구만 존재할 뿐이다.

미래에서 온 편지

우아, 날짜가 2050년이야! 미래에서 온 게 아닐까?

2050년이면 우리가 얼마나 진화했을까?

태양계 정도는 자유롭게 오가겠지?

어? 사진이 있네!

장미꽃은 죽었고, 푸른 행성은 없어. 우리는 똥통에, 아니 나쁜 상황에 처해 있어. 누가 우리를 도와줄 수 있을까? 만일......,

...... 네가 아니라면?

헐!

우리?

과학, 호기심으로 시작해 의심으로 끝맺다

과학에서 '의심'은 가장 근본적인 가치라고 할 수 있다!

진정한 과학자라면 절대로 진실에 도달할 수 없다는 사실을 잘 알고 있다. 과학에서 100퍼센트 진실이란 존재하지 않기 때문이다. 그러면 과학자는 무엇을 할 수 있을까? 어차피 진실에 도달하지 못할 텐데?

과학자들은 궁극적으로 우리가 처한 현실을 설명해 줄 수 있는 가설 또는 공식을 만들고자 노력하는 사람들이다. 주요 현상을 주의 깊게 관찰한 뒤, 이를 해석하고자 끊임없이 연구하는 것이다.

'의심'이 과학자가 행하는 모든 작업의 시작점이라면, '호기심'은 과학자가 떠올리는 생각의 원동력이라고 할 수 있다. 더불어 '이성과 토론, 그리고 비판'은 과학자가 탐구할 때 사용해야 하는 소중한 도구들이다.

물론 의심이 과학 탐구의 근본이라지만 근거 없는 의심은 무의미하다. 의심이 가치가 있으려면, 체계적이고 논리적이어야 한다! 과학자는 의심을 위한 의심이 아니라, 신뢰성을 증명하기 위한 의심을 해야 한다. 그래야만 더는 의심하기 어려운 지식을 얻을 수 있을 테니까.

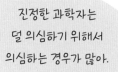

진정한 과학자는 덜 의심하기 위해서 의심하는 경우가 많아.

하지만 과학자가 의심할 때는, 과학적인 방법을 따라야만 하지.

만약 의미 없는 의심이 끊이지 않는다면, 세상 모든 것이 통제가 불가능할 정도로 혼란스러워질 것이다. 지구는 정말로 동그랄까? 실제로는 평편한 거 아냐? 지구를 '밖에서' 본 사람은 거의 없는데, 실제 지구를 본 사람이 진실을 말한 걸까? 그럼 지구가 태양 주위를 돈다는 건 정말일까? 이처럼 근거 없는 의심은 끝없이 늘어날 수 있다.

기후 문제도 마찬가지다. 우리는 가까운 과거가 지금보다 더 추웠다고 확신할 수 있을까? 내가 못 겪어 보았는데, 조상들이 거짓말한 건 아닐까? 또 온실가스가 지구의 대기를 더워지게 만들고 있는 건 확실한 걸까?

이런 의심의 끝에 결국, '우리는 우리가 확실한지 확신할 수 있나?'라는 질문과 만나게 된다. 그렇지만 우리가 눈에 보이는 것에서만 진실을 찾을 수 있다면, 그간 찾아온 수많은 과학적 발견들은 죄다 폐기 처분해야 할지도 모른다.

근거 없는 의심 속에서라면 지구가 육각형이라고 쉽게 주장할 수 있고, 지구 온난화 따위는 존재하지 않는다고 부정할 수도 있다. 뭐, 인류는 아무런 잘못이 없다며 안심하는 게 어떻게 지구 온난화를 막을 수 있을까, 고민하는 것보다 훨씬 편하고 비용도 덜 들 테니까.

만일 정확한 데이터와 증거가 없다면, 과학은 위에서 예를 든 것처럼 각자의 개인적인 의견에 따른 허황된 의심 속에서 방황하게 될 것이다. 항상 새롭고 놀라운 발견을 쫓아 나서는 의심들이 제 역할을 하기 위해서는, 쓸데없는 의심을 제거할 수 있는 정직하고 엄밀한 데이터와 체계적인 증명이 필요하다!

믿기 어렵겠지만, 과학자들이 모인 과학계는 놀랍도록 민주적이며 현실적이다. 독립적인 연구자들일지라도 서로 지속적인 토론을 하며 함께 이론을 만들고, 과학적 방법을 통해 결과를 공유한다.

이 과정에서 누가 무엇을 이야기하는지는 중요하지 않다. 말하는 사람이 유명한 상—그것이 노벨상일지라도!—을 받았거나 미디어에 얼마나 자주 노출되는지도 중요하지 않다. 말하는 바가 정확한 데이터에 의해 뒷받침되는 내용인지만이 중요하다.

과학계에서 나오는 권위는 '구별하는 능력'에 있다. 풀어서 말하면, **데이터 조작으로 인한 결과인지 아닌지 과학적으로 정확한 것과 그렇지 않은 것을 구별하는 능력**이라고 할 수 있다. (한편으로 어떤 이론이 과학적인 동의를 얻지 못할 경우, 근거 없이 믿음만 남은 소위 '의사 과학'이라는 형태로 발전하기도 한다.)

근거 없는 의심은 매우 위험하다고!

사실 이 책에서 설명하고자 한 '기후 변화'라는 주제는 아마도 근거 없는 의심의 정점에 서 있는 주제일 것이다. 어떤 논제보다도 훨씬 더 많은 의심과 가짜 뉴스가 조직적으로 퍼지는 현상을 전 세계적으로 목격할 수 있다.

현대 사회의 특성상, 가짜 뉴스가 SNS를 통해 퍼지게 되면 근거 없는 의심이라 할지라도 갑작스레 다양한 미디어와 인지도 있는 인물들 사이에서 중요한 주제로 떠오르곤 한다.

기후 변화에 관한 다양한 의심들

기후 변화에 대해 의심하는 형태는 꽤 다양하다.

- 기후 변화의 실제 현실에 관한 의심
- 지구 온난화의 기원에 관한 의심
- 정말 '긴급한' 사태인가에 관한 의심
- 기후학자들의 신뢰성에 관한 의심

문제는 지구 온난화를 부정하는 소수의 연구자들에게 잘못된 뉴스라는 걸 설득해야 하는 일이 아니다. 진짜 문제는 기후에 관한 잘못된 정보가 대중에게 혼란을 일으켜, 인류가 기후 변화에 적응하기 위해 꼭 필요한 행동과 지원을 차차 줄어들게 만든다는 점이다.

인류는 환경 위기에 대응하기 위해서 될 수 있는 한 곧바로 조치를 취해야 한다. 시간이 지나면 돌이킬 수 없는 상황이 수두룩하기 때문이다! 하지만 여전히 근거 없는 이야기들이 반복되면서 우리 결정에 영향을 주고 있

가짜 뉴스가 우리를
꼼짝 못 하게
만들 수도 있다고!

다. 이 책을 읽고 난 지금, 우리는 어떤 의심이 근거가 없는지 대략적으로 구별할 수 있게 되었다(고 믿는다)! 기후 변화에 부정적인, 그리고 전형적인 주장들을 몇 가지 살펴보자.

- 지구 온난화는 아예 존재하지 않는다!
- 지구 온난화가 일어난다고 해도, 아무튼 사람의 잘못이 아니다.
- 이산화 탄소는 온실가스이지만 환경에 좋은 일을 한다!
- 지구 온난화는 일어나고 있지만 그다지 심각한 건 아니다. 그리고 약간의 지구 온난화가 진행된다 하더라도 뭐가 그리 나쁠까? 기후가 더 좋아지는 지역도 있을 텐데?
- 기후학자들은 주목받기 위해 불길한 이야기를 떠벌린다.
- 어쨌든 기후 변화에 대처하는 건 비용이 너무 많이 든다.

- 기후 변화에 대해서 나중에 생각해도 되지 않을까? 지금은 그냥 아무것도 하지 않고 기다리는 편이 낫다.

위의 주장들은 오류로 가득하기도 하지만, 매우 큰 문제를 일으키는 결말을 맞이하게 될 것이다. 아무것도 하지 않은 데 대한 결과는 절대 장밋빛이 아니니까!

기후 변화에 관한 잘못된 정보들

수십 년 동안 우리는 시간을 들여 '과학적'인 토론을 진행했지만, 의미 있는 과학적인 결론을 얻은 건 거의 없었다. 1,000년 전 그린란드가 얼마나 푸른 땅이었는지, 한니발이 이끈 코끼리가 2,000년 전에 어떻게 무사히 알프스산맥을 넘을 수 있었는지 등 오류를 범한 이론을 반증하는 데 시간을 보내야만 했으니까.

나아가 태양 활동이 어떻게 지구 기후 변화에 영향을 끼치는지에 집착하는 과학자들도 있었다. 몇몇 과학자들은 '기후는 자연적으로 변한다.'며 변화의 원인을 태양에게서 찾기 위해 데이터를 교묘하게 조작하기도 했다.

현재 상황은 상당히 우울해 보인다. 우리는 지구라는 멋진 집을 갖고 있지만, 거기에 만족하지 않고 함부로 취급하고 있다. 그리고 이제 똑같이 마구 사용하려는 또 다른 '행성 B'를 원하고 있다. 우리 삶의 방식을 바꾸지

만약 갈릴레오가
아직 살아 있었다면……

고집이 세서 데이터 조작도
다 이겨 먹었을걸?

않는다면, 요행히 행성 B를 발견하더라도 지구와 같은 결말을 맞이하게 될 것이다.

그렇다면 만회가 불가능한 상황일까?

현 상황이 우울하더라도, 인류는 지구를 포기해서는 안 되고 포기할 수도 없다!

우선 잘못된 정보와 싸워야 한다. 이 책에서 기후 변화에 대해 의심하는 대표적인 사례들을 분석하면서, 관련된 과학적 데이터와 증거들을 찾아보

왔다. 잘못된 정보에서 멀어져야 비로소 현실을 면밀히 관찰할 수 있고, 현 상황을 이해해야만 새로운 미래를 향해 나아갈 수 있다.

진실에 가까이 다가가는 방법은 저 멀리 안드로메다은하 어딘가에 있는 게 아니다. 과학은 항상 우리에게 이야기한다. 누군가 범한 실수에 손가락질 하는 건 그다지 중요하지 않다고. **실수 덕분에 과학적인 잘못을 바로잡고 고칠 수 있으면 지극히 정상**이니까 말이다.

중요한 건, 더 나은 미래를 건설하기 위해 모두 함께 과학적인 오류에 관심을 갖고 더 잘 이해하는 것이다. 놀랄 만큼 멋진 행성인 지구에서 살기 위해 구성원들이 해야 할 약속이라고나 할까? 그리고 그러기 위해서는 비록 책임감이 무겁게 느껴지더라도 치열한 현실에서 출발해야 한다.

마지막으로 사실 확인을 게을리하지 말라는 의미를 담아 이 책에《적도에 펭귄이 산다》는 현실적인 제목을 붙여 보았다. 펭귄이 남극에만 산다고 생각했던 독자들은 지금 바로 검색해 보시라. 미처 녀석들을 보지 못했을 수도 있지만, 펭귄은 이미 적도에 살고 있으니까!

기후에 관한 잘못된 정보 바로 잡기

이상 기후(또는 기후 이상)

이전 또는 이후의 긴 기간과 비교하여, 기후가 평소와 '특별히' 다른 현상을 말한다. 가장 최근 들어 두 번의 이상 기후가 있었는데, 중세의 이상 고온 기후와 그 이후에 이어진 소빙하기다. 두 시기는 그 명칭으로 인해 많은 사람들이 잘못 이해하게 된 대표적인 시기이다. 예를 들어 중세 온난기에는 전 세계에서 일부 지역만이 지금만큼 더울 뿐이었고, 지구 전체의 평균 기온은 지금보다 낮았다. 하지만 사람들은 '이상 고온'이라는 명칭 때문에 오늘날에 비해 훨씬 더 따뜻했을 거라고 여긴다.

지구 자전축의 기울기

지구의 자전축은 우리가 '지구'라고 부르는 거대한 행성이 회전하는 중심축을 기준으로 상상의 연장선을 그린 것이다. 지구는 자전축의 기울기를 유지하면서 태양 주위를 반시계 방향으로 돈다. 어떤 사람들은 최근 들어 기후가 변화한 이유가 지구 자전축의 기울기가 달라져서라고 주장한다. 현재 지구의 자전축은 23도 조금 넘게 기울어져 있는데, 정말 기울기가 변화한다면 우리는 이를 즉시 알아차릴 것이다. 극지방은 녹아내리고, 대륙은 지진으로 황폐해지며, 땅 표면은 불쑥 솟아오를 테니까. 어떤 곳에서는 심지어 그 높이가 수 킬로미터에 이를 수도 있다. 기후 변화가 일어날 정도로 지구 자전축의 기울기가 변화한다면 현대 과학으로 못 알아차리는 게 더 어려울 정도이다.

녹아내리는 빙하

높은 산꼭대기의 만년설에서 저 멀리 그린란드의 거대한 빙하에 이르기까지, 불행하게도 지구상 대부분의 빙하가 녹아 없어지고 있다. 특히 유럽 대륙에 걸친 알프스산맥의 빙하는 열병을 앓고 있다. 19세기 말부터 알프스산맥의 평균 온도는 지구 평균의 두 배로 뛰어올랐다. 빙하는 우리에게 매우 중요한 자연환경 중 하나인데, 동식물의 생명을 지탱하는 담수(민물) 저장고이기 때문이다. 또한 녹아내리는 빙하는 이번 세기 안에 6억 3,000만 명에 이르는 사람들에게 지속적으로 홍수와 해일의 위협을 일으킬 것이다.

태양 활동

지구에 빛과 열, 그리고 에너지를 전달하는 태양의 다양한 특성을 가리키는 명칭이다. 태양은 몇몇 기후 현상(바람과 비, 구름의 이동 등)에 영향을 끼칠 수는 있지만, 온실 효과와 지구 온난화의 유일한 원인이라고 보기는 힘들다. 과거의 기록을 면밀히 조사해도 태양 활동 변화와 지금 우리가 관찰할 수 있는 지구 온난화 현상과의 관련성을 증명하기란 무척 어렵다. 줄곧 관련이 있다고 주장하는 사람들에게는 유감스러운 일이지만 말이다.

온실가스

지구 온난화를 일으키는 데 큰 역할을 하는 가스를 부르는 호칭이다. 온실가스는 지구에서 반사되어 우주로 나가는 에너지를 붙잡아 지구 표면에 머무를 수 있도록 만든다. 마치 온실의 유리창이 온실 내부의 열을 밖으로 나가지 못하도록 머물러 있게 만드는 것과 흡사하다. 온실가스에서 가장 중요한 가스는 이산화 탄소로, 생물에게 없어서는 안 될 영양소이면서, 동시에 9억 년 전 빙하기에서 인류의 조상들을 구하기도 했다. 그렇지만 의심할 여지없이 지금 우리는 너무 많은 이산화 탄소를 만들어 내고 있다.

기후 난민

대처할 수 없거나 극단적이 되어 버린 기후 조건 때문에 자신들이 살던 고향을 등지고 거주지를 옮겨야만 하는 사람들을 뜻한다. 사람들은 기후 난민이라고 하면 상당히 먼 일로 느끼는 경우가 많은데, 실은 아주 가까운 미래에 일어날 수 있다. 앞으로 50년 내에 30억 명에 달하는 인구가 소위 '기후 피난처', 즉 지구상에서 생명이 살아가는 데 알맞은 기후를 유지하는 장소 밖에 머무르게 될 것으로 예측된다. 현재로서는 '이주'만이 유일한 해결책이다. 다른 행성으로의 이주도 고려되고 있지만, 현재로서는 또 다른 지구를 지칭하는 '행성 B'에 관한 연구가 장밋빛 미래를 보장해 주지 못하고 있다. 지금 당장 기후 변화를 막기 위해 행동을 취해야만 하는 이유이다.

적도에 펭귄이 산다

첫판 1쇄 펴낸날 2021년 6월 28일
4쇄 펴낸날 2024년 7월 12일

지은이 세레나 쟈코민·루카 페리
그린이 카테리나 프라탈로키 **옮긴이** 음경훈
발행인 조한나
주니어 본부장 박창희
편집 박진홍 정예림 강민영
디자인 전윤정 김혜은 **홍보** 김인진
경영지원국 안정숙
회계 임옥희 양여진 김주연

펴낸곳 (주)도서출판 푸른숲
출판등록 2003년 12월 17일 제2003-000032호
주소 경기도 파주시 심학산로 10, 우편번호 10881
전화 031) 955-9010 **팩스** 031) 955-9009
인스타그램 @psoopjr **이메일** psoopjr@prunsoop.co.kr
홈페이지 www.prunsoop.co.kr

ⓒ 푸른숲주니어, 2021
ISBN 979-11-5675-304-9 44400
      978-89-7184-390-1 (세트)